鼓勵孩子金句

101

對孩子這樣說話便對了

懂得選擇說話方式

每次端上桌的菜，天樂看也不看，就大吵著：「這個菜太難吃了！」

天樂最不愛吃菜。細心的媽媽以為他是因為菜葉難嚼咽不下所以才不愛吃，於是每次都把菜剁得細細碎碎的，還經常買來容易嚼的菜來做給天樂吃。媽媽耐心地哄誘著：「天樂乖，吃菜才能長得高，長得壯，眼睛還會變得特別亮。」爸爸著急了，狠狠地說：「哪兒那麼多廢話，今天你必須要把這菜給我吃下去！」結果惹得天樂大哭一場，連飯也沒能吃。

其實，天樂現在面臨的已經不再是這菜到底好不好吃的問題了，由於天樂從沒得到過父母的共鳴，於是天樂在吃菜的問題上拒絕與父母進行感受交流。面對這樣的孩子，父母也許可以試一試另一種對話風格：「這菜真的不好吃嗎？讓我嘗一嘗。」然後告訴他媽媽對這道菜的感受，再問問天樂吃菜時的真實感受。媽媽就可以慢慢地發現天樂喜歡的口味，並以此來打開天樂不吃菜的缺口了。

解釋型的母親會說：「這個菜很有營養，吃了它會……」有利於孩子獲得更多的相關知識，凡事講道理，但孩子可能會不願意跟父母多說話。

命令型的母親會說：「不要這麼多話，快吃！」可能有助於孩子培養良好的行為習慣，但不利於孩子自由地表達自己的想法。

非干預型的母親會說:「真的?讓我嘗一嘗。」不給孩子任何壓力,這種方式較有利於孩子大膽地提出自己的問題,並自由地表達自己的想法,使孩子和父母之間建立一種開放和動態的交流方式。

你會怎樣選擇呢?

其實我們都知道父母與子女說話的方式,對兒童成長的影響有多大,但為什麼與他們談話時仍然漫不經心呢?

若你已經明白並相信「說話的力量」,本書提出了101個日常生經常遇到的例子,既有建設性的「金句」,同時有提醒家長切忌使用的「禁句」,以增強這本小書的實用及趣味性。

謹祝各位家長,透過本書加深與子女的親子關係,共同迎接美好的人生。

Chapter 2 幫助港孩發展潛能

Chapter 3 促進港孩與人溝通

Chapter **4** 增進港孩培養品德

Chapter **5** 有助港孩培養紀律

Chapter 6 影響港孩前途的說話

Chapter 7 專家急救室ER

改善港孩學習態度

01 孩子不懂做功課時……

建議金句：「你諗多一陣，我去完洗手間再教你下。」

冷靜、冷靜、冷靜
教導孩子做功課，不管如何勞氣，也絕不可表露出不耐煩。發現自己快要發脾氣時，可以離開一陣子，飲杯水也好，去洗手間也好，總之等心情平靜了，才回到孩子身邊繼續自己的責任。

著重鼓勵
鼓勵是教導孩子的一服靈丹妙藥。在適當時候，你可以説「你進步了！」、「學得真快！」等説話來鼓勵孩子，提升他的士氣，這樣，教孩子做功課的整個過程，將會變得更順利。

禁句例子：「教極你都唔識！你真係無藥可救，話個答案你聽喇！」

人身攻擊
教孩子做功課極費時傷神，容易因失去應有的耐性而大發脾氣，好些時候大人更會一時失言，説出如「你真蠢！」、「冇用㗎你」這類人身攻擊的説話，徹底粉碎了孩子的自信心。

乘機放棄
大人失去耐性，把答案説出來，等如放棄教導孩子的責任，同時，孩子不用努力卻又可完成功課，以後，他會自願做一個「蠢材」，因為大人在旁，他便不用「腦力」，答案也會自動送上門。

02 孩子整蠱做怪，以「拖」字訣做功課時⋯⋯

建議金句：「你自己預時間做功課，我信你一定做得到。」

避免和孩子角力

督促孩子做功課時，你可給他一定的話事權，由他自己安排時間，鼓勵他自動自覺做好功課，最重要是給孩子信心，不可橫加干預。

培養責任感

不想孩子和你之間爆發權力鬥爭，最好的方法是培養孩子的責任感，引導孩子做好自己的份內事，讓孩子知道，他有權利安排做功課的時間，更有責任把功課做好。

禁句例子：「你再拖慢嚟做功課，就咪旨意有電視睇！」

消極對抗

孩子和大人經常為功課而爆發大戰，不管大人用軟功，還是硬功，孩子總是不斷拖延，直至大人説出「唉，冇你咁好氣。」投降為止。好些時候，孩子利用大人重視學業這「弱點」，以拖延做功課為手段，與大人爭奪話事權。

「反斗」戰爭

孩子會用消極的方式對抗，大人不慎掉進這權力鬥爭，誰勝誰負，戰爭都不會停止，因為孩子輸了，他會不服氣，伺機捲土重來，相反，孩子勝了，當然會用相同手法再起革命，結果，孩子會愈來愈「反斗」。

03 孩子不懂作文時⋯⋯

建議金句：「你試下諗一諗，如果遇到好似作文題目咁嘅情況，你會開心定傷心呢？」

優點剖析

反省自己

孩子不懂作文，未必是他語文能力不足，原因可能是他生活體驗太少，或者不懂與人分享感受。你該自省一下，平時是否很少帶他上街，令他缺乏作文的材料呢？多帶孩子上街助他增廣見聞，擴闊他的生活圈子，都可啟發他的創作靈感。

分享感受

引導孩子説出他所思所感，例如：「你見到紅色，會聯想到什麼？」、「什麼事情最令你開心」等問題，都可誘發他的創作意欲。你亦可先説出自己的生活經驗，主動和孩子分享你的內心世界，都可打開孩子的心窗，使他坦白寫出自己的感想。

禁句例子：「咁耐連一隻字都寫唔出，你都係冇創作天份㗎喇！」

缺點透視

人身攻擊

好些父母常犯的錯誤，就是教導孩子做功課時，失去應有的耐性，一時衝口而出，説「你豬咁蠢」、「冇鬼用」、「冇得救」等等含人身攻擊的批評，結果，孩子的自信一點一滴給罵走，做了一個自以為無用的人。

表現不耐煩

即使你沒向孩子作出人身攻擊，但表現出不耐煩，同樣會磨滅孩子做功課的士氣，表現事倍功半。

鼓勵孩子金句

101

和孩子這樣説話最便對了

04 回應孩子考試成績時……

建議金句：「最重要你滿意自己嘅成績！因為你下過苦功，證明咗你係一個努力嘅人。」

優點剖析

重視孩子本身價值

接受孩子的成就和感受，他自然知道自己的存在價值，是自己本身，而不是考試成績，最重要，是不要說一些令孩子氣餒的說話。

好好學習鼓勵的藝術

鼓勵才是孩子進步的源動力，好些時候不用「畫公仔畫出腸」，也可以做到鼓勵孩子的效果。假設你和孩子打羽毛球，不必急於糾正他錯誤的握拍方法，當他自行找到打球的竅門，不但有成功感，更會增加自信。

禁句例子：「又第三名呀！我估你最叻都係咁架喇。」

缺點透視

誤用激將法

用激將法只會令孩子垂頭喪氣，很難激發起孩子的好勝心，孩子心裡只會想：「我考到第三名你都唔滿意，咁都唔讚下，我咁努力有咩嘢用喎。」很可能就此氣餒，引來反效果。

引起反感

太過注重成績，會給孩子一個錯覺：大人是以考試成績來衡量他的存在價值，這會惹來孩子反抗，不肯努力下去。

05 孩子假裝不滿意成績時……

建議金句：「你冇因此而驕傲，仲識得反省自己嘅不足，我真係好開心。」

認同努力

認同孩子的努力比讚美更重要，將注意力轉向他所付出的努力，可以這樣説「我知你有恆心一定做得好嘅。」

多鼓勵

鼓勵比讚美更好，鼓勵可以給予孩子自信，幫他建立較高的自我形象。只要你見到孩子表現有進步，或者孩子盡心盡力去做一件事，都可以給他適當的鼓勵，可以説：「你咁認真去做，你一定有好出色嘅表現㗎。」

禁句例子：「你拎到咁高分已經好叻，醒過好多同學，好啦！爸爸送個大公仔俾你啦！」

讚美太多弊多於利，弊處如下：

聽讚美説話太多，孩子會飄飄然，產生虛榮感；

做事只為博取讚美，而非為成就感或責任；

孩子覺得贏不到讚美的工作，不值得做；

偶然受到批評時，孩子便容易氣餒，覺得自己一無是處。

好些時候，孩子故意説些反話，説自己如何如何沒用，是希望你不同意他的説話，對他大讚特讚，如果曾説過本篇的禁語，就表示你已中了孩子的圈套。

鼓勵孩子金句
101
和孩子這樣說話便對了

06 激勵孩子進步時……

建議金句：「我知道你用心去做實得嘅，你要繼續努力呀。」

優點剖析

肯定付出的代價

你的鼓勵，要認同他所付出的代價，而且，日後發現他表現有進步，便要即時嘉許，這樣，孩子的目標便是追求進步，而不是高分數，也不會因為畏「高」而不肯付出努力了。

給予信心

以分數衡量孩子，會使孩子認為你需要的是高分數，卻不是他本身，因此，不管分數高低，你都要接受他，並表示你對他有信心，孩子才會感到認同，為了再得到你認同而努力。

禁句例子：「你咁叻，下次考試，一定可以考到更高分㗎。」

缺點透視

畏「高」症

原意用來鼓勵孩子的說話，會帶來令人意想不到的反效果。孩子辛苦努力讀書，成績進步了，得到的回應是「可以考到更高分㗎」，便想：這是糖衣陷阱，大人貪得無厭，還想我取得更高分數，不如躲懶一下，分數低一點，要「進步」便不是難事。

用成績衡量孩子

孩子覺得大人以分數來量度他的表現，忽視了他所付出的努力，感到白忙了一場，就不肯再繼續努力下去。

07 孩子默書 成績不理想時……

建議金句：「下次默書，希望你可以自動自覺，認真咁溫習啦。我相信你可以成為一個負責任嘅好孩子。」

態度不可緊張

如何處理自己的態度非常重要，所謂「皇帝唔急太監急」，你表現得太緊張或太焦急，都會減輕孩子責任感的份量，因此，談到孩子成績功課時，可以表現得輕鬆一點。

讓孩子負責任

要孩子自動自覺，就要叫孩子為自己的行為負責任，好些時候，你要硬起心腸，對孩子的功課不要理會太多，讓他親身體會「一分耕耘，一分努力」的道理。

禁句例子：「幫吓忙！下次默書唔該幫我拎八十分以上番嚟。」

自動獻身

從孩子角度看，這句話可以解讀為：讀書是為父母，拿取高分數也是為了父母。孩子上學讀書的責任，就這樣推到大人身上。由於這類禁語「卸膊力」驚人，所以多列舉例句，希望大人少説為妙。

例一、「你幫手做晒啲功課佢，我就快開飯喇。」

例二、「放心。我一定幫你拎到一百分番嚟嘅。」

例三、「數學呢科包在我身上，成績唔好唯我事問。」

08 安排孩子做功課時……

建議金句:「我明白你而家想做勞作先,咁啦,我俾你自己作主,但係,今晚食飯前你一定要溫晒書,否則,你下次要照我時間表去做功課。」

優點剖析

培養積極性

要孩子溫書有效率,最理想是讓孩子自己分配時間。給他自主權,按自己的能力及興趣,為自己度身訂造一個溫書時間表,並持之而行,久而久之,孩子會變得富積極性,懂得主動拿起書本來溫書。事事為孩子安排妥當,他反而會變得被動,沒有主動性。

時間觀念

一般來說,孩子對時間的觀念非常模糊,所以,你要協助他按時間表辦事,記著,你的角色只是助手,只要提點他一下便行,不可反客為主,否則便前功盡廢。

禁句例子:「勞作遲啲先做啦!我叫你而家溫其他科目先呀!」

缺點透視

分心

孩子在你命令之下,會乖乖收起勞作,拿出書本來看,可是,看在眼裡,卻看不進腦裡,因為他心裡還想著自己的勞作。

情緒不穩

為孩子定好溫習時間表,本是好事,但強迫孩子放下正在投入的工作,令他「嬲爆爆」,情緒低落,溫書的效率反而降低。

09 陪伴孩子做功課時……

建議金句：「做完之後，你再睇真啲！」

優點剖析

從錯誤中學習

跌得痛，才會記憶猶新，所以，讓孩子為自己所犯錯誤付出代價，教訓更容易深印腦海中，下次，他會用心避免一錯再錯。在檢查功課時，見到有錯，可以說：「呢度有少少問題喎，你搵唔搵到錯左邊呀？」放手讓他找出自己的錯誤，孩子再思考一次，比你立刻說出正確答案更好。

別做幕後話事人

他做功課時，不要指指點點，更不可過分熱心，這會給孩子一個印象，做功課是你的責任，而不是他的。相信自己孩子的能力，更要讓孩子知道，他有責任做好功課，不管有沒有人在監管他。

禁句例子：「錯咗錯咗錯咗！呢個字有一勾㗎！」

缺點透視

無形之手

大人緊張孩子的功課，無可厚非，可是，緊張過度，就會愈幫愈忙。大人坐在孩子身旁，金眼火眼的看著孩子寫每一筆每一字，更即時糾正他錯誤，這樣，孩子覺得在替他做功課的，是一隻無形之手，功課做得好或不好，和他沒多大關係。

無形壓力

大人常侍候在側，美其名是陪孩子，實際是在監視孩子有沒有犯錯，無形壓力之下，孩子犯錯的機會反而大增。

鼓勵孩子金句
101
和孩子這樣說話便對了

10 孩子考試成績不好時……

建議金句：「我細細個讀書嗰陣，都遇過你類似嘅問題㗎，你知唔知我點樣克服佢吖？」

優點剖析

大爆辛酸內幕

孩子需要實績，才能建立自信，所以，你說出自己讀書時代的事蹟時，最好是一些辛酸史，好讓他知道，你和他一樣，也曾遇過困難和失敗，然後和他分享你克服困難的經驗，這樣更能激起他的鬥志。

時代不同

現代孩子所面對的問題和以前大不相同，所以，應以新眼光來幫助孩子解決學習問題，而不該只顧緬懷過去。

禁句例子：「我細細個嗰陣年年都考入頭三名，邊似得你依家咁懶，咁冇用。」

缺點透視

激出反效果

別以為說出自己小時的威水史，就可激發孩子的奮鬥心，好些時候，效果會完全相反，孩子感到和大人的成就相差太遠，就會洩氣，與其追不上，倒不如放棄還來得輕鬆，成績就可能一落千丈。

不體諒孩子感受

其實，成績不好，孩子心裡已不好受，這時候他最希望得到的，是大人的關心，和跟大人溝通的機會，如果大人只顧回想當年，不就孩子的感受作出回應，還嘲弄他「咁冇用」，孩子便不想繼續溝通了。

Chapter 1
改善港孩學習態度

11 和人談論孩子成績時……

建議金句：「佢成績都算唔錯，不過，我最欣賞佢認真讀書既態度。」

1. 褒揚孩子付出的代價

鼓勵是一門藝術，讚美也是一門技巧。好些家長以孩子的成績為讚美目標，這不是不好，但以分數高低來衡量成就，孩子會給分數牽著鼻子走，下次分數就算只低了三分，他都會不開心。讚美孩子所付出的努力，孩子才會真正的努力讀書，而不是為了分數這麼市儈。

克服弱點

嘗試把孩子的注意力轉到他的弱點那方面去。以數學為例，不論是在學校，還是日常生活，數學都非常重要，所以，你要幫助孩子集中力量去克服它，而不是數落他數學如何不濟。

禁句例子：「呢個女中文好叻㗎！但係數學就渣斗囉！」

潛台詞

這句禁語有讚有彈，好像深得中庸之道，謙虛得體，實際是，孩子聽得明白禁語背後的潛台詞：「我期望我孩子嘅數學好好㗎【口麻】，點不知佢達唔到我要求，佢真係冇用。」孩子心裡只會記著大人對他的不滿，而暗自沮喪起來。

自我定型

其次，類似的話話聽得多了，孩子會產生某種自卑感，以為自己的數學真的如此不濟，無藥可救，對數學便自暴自棄，改而多花時間在其他有把握的科目上，博取大人的認同，這種不平衡的發展，並不建康。

12 提醒孩子做功課時……

建議金句：「放咗學，你可以唞一唞，或者睇一陣電視，放鬆一下，然後就專心做功課。我相信你會為自己嘅工作負責任，可以好合適咁分配自己嘅時間。」

優點
剖析
相信孩子

給孩子分配工作時間的自由，培養他的責任感，最重要是相信孩子的自制能力。起初，你要提點他，但不可橫加干預，當時日一久，孩子會慢慢學會時間管理的技巧。

鬆弛神經

放學後，讓孩子輕鬆一下，玩一會兒，吃點東西補充體力，待身心回復狀態後，孩子便可把工作能力提升到最高水平，以最短時間，獲得高質素的學習。

禁句例子：「放咗學，做晒功課先可以打機。」

缺點
透視
錯誤概念

把功課做完才讓孩子玩耍，相信是大部分大人的做法，認為這是養成孩子「讀書時讀書、遊戲時遊戲」的好習慣，可是，這做法原來會影響孩子學習的效率。

降低效率

一般而言，人類工作能力的高低，有這樣一條規律：開始初段，能力逐漸上升，進入狀態，直至達到最高峰，然後開始回落。剛放學回來的孩子，身心疲倦，處於回落階段，馬上開始溫習做功課的話，效率便難以提升。

Chapter 1
改善港孩學習態度

13 督促孩子讀書時……

建議金句：「讀書係為咗自己嘅將來，所以，你依家係讀時嘅年紀，就要好好咁讀書。」

讀書的價值

讀書不是什麼比賽，沒必要和他人作出什麼比較，要給孩子知道，讀書真正目的是為自己的將來，讀書不止是為找工作，更重要是明白是非，學會思考的方法。

不該比較

拿孩子和其他人比較，以刺激鬥心的做法，壞處比好處為多。第一，孩子的友誼會因你的侮辱說話而被破壞；第二，孩子亦學會隨意辱罵他人；第三，讀書不好便一無是處的價值觀，也限制了孩子才能的發展。

禁句例子：「你唔好好讀書，就會同你同學仔一樣留班咁無用㗎喇！」

侮辱方法不足取

用詆毀別人的方法來刺激孩子努力讀書，本身用言語侮辱他人已是極大錯誤，在孩子面前說這種話，錯上加錯；或許大人不是有意貶低對方，但給敏感的孩子聽了，也許會為被侮辱的朋友感到不平，而向大人反擊。

錯誤價值觀

其實這類禁語有多種變化，例如：「你再唔好好讀書，就要係快餐店做咁冇出色㗎喇。」這種輕視勞動工作的價值觀，會令孩子產生歧視的觀念。

鼓勵孩子金句
101
和孩子這樣說話便對了

14 當孩子做功課 不集中精神時……

建議金句：「試試十分鐘之內可唔可以專心做好佢，如果做得到，咁就叻喇！」

集中力訓練

你會發現，一分鐘都不能靜下來的孩子，在從事自己喜歡的活動時，半點也不分心，全情投入，做到最好，這時候，大人不可打擾他，也不可嘗試轉移他的注意力，這是集中力訓練的重要一步。

寧靜環境

給予孩子一個寧靜的環境，最重要是大人的忍耐，不可以孩子稍動一下便出聲警告。最好的方法是，等孩子完成正在從事的活動，出現告一段落的感覺後，可以給孩子一個具體目標，限時完成，如十五分鐘內完成一頁作業，讓孩子做做看，如果成功，好應該加以勵。記著，起初限時不可太長，一定要循序漸進，不可操之過急。

禁句例子：「快啲做功課啦！唔好轉鉛筆，你坐好，對腳唔好亂咁踢啦！」

1. 頑皮跳豆

好些孩子像跳豆，坐不定，在書桌前總是坐不夠三分鐘，便手舞足蹈，再不能專心溫書，讀書成績與集中力有密切關係，成績優異的孩子，必定擁有高度的集中力。

2. 強迫不來

不過，集中力卻是鬧不回來的，大人鬧得愈勤，孩子不愉快，感到委屈，心中思潮起伏，精神愈難集中。

15 孩子愛看漫畫 不溫書時……

建議金句：「有啲漫畫嘅內容係唔錯，不過都要睇下其他種類嘅書本，擴闊眼光，我希望你下次可以讀一本感動到你嘅書，讀完之後，你同我分享一下心得吖。」

優點剖析

投其所好

想和孩子更易溝通，需要親身了解一下他們的玩意。首先，你要摒除成見，不可抱著漫畫都是不良刊物的偏見，好些漫畫內容的確感人而富啟發性，就算你看完後感到無味，也可以從中了解到孩子的興趣，和孩子也多了一個話題。

伴讀

你要慢慢引導孩子拿起書本來讀，相信孩子的判斷力，只要他讀到一本好書，必定愛不釋手，以後也不會讀沒品味的讀物了。孩子看書時，你可以陪伴在側，但要注意，你不可多加意見，要令孩子覺得讀書是為了自己。

禁句例子：「你又係度睇漫畫？睇漫畫浪費時間㗎！仲唔拎書出嚟讀？」

缺點透視

1. 漫畫迷心態

其實不止是漫畫，現在的孩子還鍾情於 on-line game、社交媒體等等玩意，就以漫畫迷為例，孩子並不認為漫畫有害，相反，漫畫比起其他書本，更能感動他們的心。

2. 讀書是苦差

大人用權威的方式強迫孩子放棄興趣，只能讀指定的書本，那麼對孩子而言，讀書不過是一件苦差，沒有樂趣，便沒有主動性可言。

鼓勵孩子金句
101
和孩子這樣說話便對了

16 孩子沉迷打機時……

建議金句：「我相信你有能力分配好自己嘅時間，先唔干涉你打機，我希望你唔會令我失望。」

 優點剖析

增進感情

相信你也知道如何鼓勵孩子承擔自己的責任，如何協助孩子時間管理。這裡建議你也學習打機，一來可以弄明白打機的吸引力何在，二來可以和孩子一起打機，增進感情。

另類教學

現在最流行的是網上遊戲，這些遊戲題材多元化，例如以三國歷史為背景的遊戲，便可增加孩子對歷史的興趣；此外，受歡迎的遊戲多以英語為主，孩子為了玩得好而去查字典，也能寓娛樂於學習。

禁句例子：「你又打機？打機有乜用？即刻同我熄咗佢！拎書出嚟溫！」

缺點透視

1. 三大錯誤

毛病一，極權式命令，容易導致孩子作出報復行為；

毛病二，孩子表面上在溫書，腦海卻在打機；

毛病三，孩子依賴大人按排溫書時間，並不覺得讀書是自己的責任。

2. 價值觀作崇

還有一個可能被忽略了的毛病，是大人以自己的價值觀來代替孩子思想。這話怎說？孩子沉迷圍棋，大人必然反對；孩子沉迷彈琴，大人也會反對；但孩子如李雲迪般天才橫溢，大人不但不反對，還可能大力支持。這說明大人是功利主義者，有利益的活動才准許；不會帶來利益的活動就禁止，完全不管孩子的想法。

Chapter 1
改善港孩學習態度

如何培養孩子的學習興趣？

幼兒間差異很大，必須根據孩子的興趣和能力讓孩子快樂地學習一些力所能及的文化知識，千萬不要以別人的標準去衡量自己的孩子。

學前兒童主要是培養閱讀興趣，當他在生活中對字發生興趣時，讓他學一些隨處可見而且喜歡學的字；當孩子疲勞或想轉移注意而不想學習時千萬不要勉強，以免引起對認字的反感和厭煩。如果父母責備或體罰就會引起痛苦的回憶，為以後學習打下不良基礎。

孩子從塗鴉開始學習畫圖，到練習基本的筆畫，通過筆畫把一個字變成另一個字甚至更多的字，這樣學起來才會有趣，而且有效。入學前，要讓孩子學會寫自己的名字，把名字寫在自己的書和本子上，便於老師

辨認。

有些幼稚園在大班已開始學習英文字母，有條件的父母也可以在家裡輔導孩子字母串寫，以減輕剛上學孩子的負擔。不過，在家裡學習要注意發音的正確。

多數幼稚園兒童會寫數位和10以內的加減法，部分孩子有心算能力。心算能力並不完全取決於天賦，學習速演算法可以提高心算能力。

不宜過早把孩子關入教室灌輸文化課。受過良好幼稚園教育的孩子有較寬廣的常識基礎，會講故事，會繪畫，唱歌跳舞和體育活動都不差，這些培養對提高孩子入學後的交往能力和各科的學習能力都有好處。家長不宜為增加孩子的文化知識讓孩子過早進入教室，剝奪孩子更廣泛基礎的培養。

父母如何跟孩子說理的技巧？

循循善誘，充分的說理，是家長教育孩子的重要手段，跟孩子說理不僅需要有耐心，還應結合少年兒童

的心理特徵，選擇恰當的方法和技巧。

首先，要充分肯定孩子的長處。古語云：「數子十過，不如獎子一長。」跟孩子講道理，應充分肯定孩子的長處，對孩子的進步給予及時的表揚和鼓勵，在此基礎上再對孩子的過錯予以糾正，這樣孩子就容易接受大人的意見。如果一味地數落孩子，責怪孩子這也不是那也不對，只會讓孩子產生自卑心理和逆反心理。

其次，所講的道理要「合理」。跟孩子講的道理應合情合理，不能順口胡說，也不能苛求孩子，因為大人順口胡說，孩子是不會服氣的，大人的要求過分苛刻，孩子是辦不到的，比如生活中有的父母自己喜歡吃零食，卻對孩子大講吃零食的壞處，如此，孩子是不會聽從的。

其三，要給孩子申辯的機會。跟孩子説理時，孩子可能會對自己的言行進行辯解，大人應給予孩子申辯的機會。應該明白，申辯並非強詞奪理，而是讓孩子把事情講清楚講明白，給孩子申辯的機會，孩子才會更加理解你所講的道理，使教育收到良好的效果。

其四，要瞭解孩子的情緒狀況。孩子和大人一樣，情緒好時比較容易接受不同的意見，不高興時則容易偏激，因而跟孩子講理，要充分瞭解孩子的情緒狀況，在其情緒較好時，對其進行教育，若在孩子情緒低落時跟他說理，是不會奏效的。

如何防止孩子注意力不集中？

由於身心發展水平的限制，孩子不能將注意力長時間集中於一件事，而是常常不由自主地從一個事物轉移到另一事物上。一旦養成這種行為習慣，對孩子參加學習和遊戲都很有影響。

使孩子注意力不集中的原因有：

1、無關刺激的干擾。

孩子以無意注意為主，一切新奇多變的事物都能吸引他們，干擾他們正在進行的活動。如環境的色彩、音響、流動的人和車輛等都可能分散孩子的注意力。

2、疲勞。

孩子神經系統的耐受力較差，長時間處於緊張狀態或從事一種單調的活動，會引起疲勞，晚上讓孩子長時間看電視、玩耍，從不督促孩子早睡早起，造成孩子睡眠不足，第二天孩子的注意力也無法集中。

3、孩子對某些事物不感興趣。

成人要求孩子所做的事過難則會使孩子產生畏難情緒；過易則不能吸引孩子，都不利於集中孩子的注意力。只有當新內容與孩子的知識經驗之間存在著中等程度的差異時，才最容易引起和維持孩子的注意。

4、注意轉移能力差。

由於年齡的原因，孩子注意轉移的能力還沒有發展，因而常常不能根據需要及時將注意力集中在應該注意的事物上，這也是注意力分散的一個原因。如果事前的活動量過大，刺激較強，孩子過於興奮，便很難將注意力轉移到後面的活動中去，更容易分心。

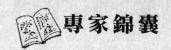

要防止孩子注意力的分散，有這樣幾種方法：

1、排除無關刺激的干擾。當孩子從事某種活動時，周圍的環境要儘量保持安靜，佈置要整潔優美，而且孩子對所處的環境必須熟悉。成人講話須儘量減少，聲音要低，最好以動作暗示，以免干擾孩子的活動。

2、制定並遵守合理的作息制度，使孩子得到充分的休息和睡眠，是保證孩子精力充沛地從事各項活動的條件。

3、指導質量要提高。指導孩子從事活動的質量要高，要了解孩子已經俱備的知識經驗和心理特點，使孩子對將要從事的活動有強烈的興趣，從而激發孩子的求知欲，培養其學習興趣，促進他們集中注意力。

4、引導孩子積極動手動腦。積極的智力活動和實際的操作活動有利於保持注意，因而能增強注意的目的性，變被動為主動。同時，動靜結合能預防長時間從事單一的活動（如單獨聽講等）所容易引起的疲勞。

5、靈活地交互運用無意注意和有意注意。有意注意是完成任何有目的活動所必須的，但有意注意需要意

志努力，消耗的神經能量較多，容易引起疲勞，特別是三至六歲的孩子由於心理特點，很難長時間保持有意注意。孩子的無意注意佔優勢，任何新奇多變的事物都能吸引他。成人必須靈活地掌握方法，不斷地變換孩子的兩種注意，使大腦活動有張有弛，既能做好某件事情，又不至於過度疲勞。

孩子為什麼老粗心大意？

經常有家長說，孩子腦子不笨，可就是粗心大意，明明是加號老是看成減號，在草稿紙上演算對了，抄卻抄錯了。閱讀時多字少字串列，寫字時常常寫錯，所以老得不了滿分……那麼，孩子為什麼總是粗心大意呢？我們先看看孩子是什麼方面出了問題：

1、手眼不協調的孩子容易粗心大意

正常的行為是眼睛看到的和手上做的是一致的，但這個能力不是天生就具備的，而是要經過後天訓練。孩子出生後，會用自己的感官和四肢去探索周圍的世

界，如果我們沒有給他們足夠的探索機會，他們的能力就會萎縮不前，例如沒有經過足夠爬行的孩子，在手眼協調性上就非常差。在四五歲時孩子應該多做拍球、跳繩、打球、滑梯等戶外活動，但家長往往讓孩子過早過多的坐在那裡學習，這對孩子手眼協調性的發展極為不利。上學後，家長片面地抓學習成績，很少讓孩子自己做家務、做遊戲，孩子的動手能力差，直接影響到學習能力。

2、看電視、玩遊戲機加劇了視覺振動現象，造成粗心大意

孩子剛出生時，眼球會有振動現象，看東西是不穩定的、不能平滑地轉動眼球、也不能很好地盯住一個目標。當孩子在玩時，例如扔球接球時，他必須眼睛盯住球，逐漸地他的視覺振動現象就會消失了。但是，如果孩子很少玩，常坐在家裡看電視，電視的畫面是抖動的，孩子的視覺振動現象沒有消失，反而更嚴重了。所以，孩子看電視的時間應該有限度，最好每次不超過20分鐘。

3、家長的包辦代替

讓孩子形成依賴感，什麼事情都希望家長給想著，自己什麼也不操心，結果到學校就會丟三落四、粗心大意。

如何建立合理的學習方式？

培養一個品學兼優的孩子是作父母的願望，但是許多孩子卻視學習為畏途，其實，學習是一種愉快的活動，它不需要花太多的時間去做，只要找到一個好的方法，就會事半功倍。

合格的父母不是教給孩子多少知識，而是及早幫助孩子建立合理的學習方式，這將會影響到他怎樣對新經驗、陌生人和周圍環境進行反應。學習方式是指個體接受和保持新的資訊和技能的方法。例如，當新資訊出現時，有的人看到後寫下來記得清楚；有的人則是聽到後，記得更清楚；還有的人只有實際用過後，才能記清楚。因此，學習方式不是個體學習的策略、方法或材料，而是與個人接受、儲存並運用知識或能力

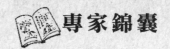

有關的環境、情緒、社會、身體和心理因素的結合。

學習方式由先天遺傳特性和後天的經驗與環境共同決定。通過傾聽、交談和提供富於刺激的感知材料，父母在幫助孩子形成學習方式的同時，可以協助孩子更多地了解世界，參加各種活動，並與孩子共同分享愛好和興趣。這會加深他對世界的理解，孩子可通過觀察或模仿你進行學習。

專家曾經開展關於天賦和能力的發展環境的研究，選擇25個在35歲以前就取得了世界級成就的人作為研究物件。這些人來自六個領域：神經學、數學、鋼琴、網球、游泳、雕刻。研究通過訪問這些天才人物以及他們的老師和父母，想弄清楚他們的人格特性、動機、環境影響和學習階段。研究最終發現，對他們成功起決定作用的，不是先天的能力和天分，而是家庭成員和老師，其中最重要的因素是在練習過程中受到的支援和鼓勵。研究還發現，經常受鼓勵和教導的年輕人，才會變得出眾。

Chapter 2

幫助港孩發展潛能

17 叫孩子不要亂走時……

建議金句：「你乖乖地喺度玩下，唔好四圍走呀！」

優點剖析

不要閒下來

孩子除了睡眠的時間，都在透過觸摸、咀咬等五官感覺，來認識外界的事物，所以，你最好不要為了一時方便，便強迫孩子停下來認識世界。

玩具配合

要孩子乖乖不到四處亂走，需要一些玩具給孩子玩耍，可以是圖書、積木等，只要是安全的，都可給孩子玩，把他注意力吸引住，就可免他到處亂闖。

禁句例子：「你坐喺度唔好亂郁呀！」

缺點透視

缺乏自由

在家裡，或是帶孩子上街時，大人都很怕孩子多手多腳，亂碰亂撞，發生什麼意外，所以都叮囑孩子不要亂動，乖乖坐著便行。只是孩子無所事事，又不得自由，脾氣會壞起來，到最後，遭殃的還是大人。

減慢學習

孩子的發展，是思想與行動結合起來的，孩子心有所想，會立即行動起來，手腳的動作，又會刺激孩子去思想，經常禁止孩子多手多腳，孩子學習的速度會減下來。

40

鼓勵孩子金句
101
和孩子這樣說話便對了

18 孩子說自己做不好，放棄做勞作時……

建議金句：「你識整嘅地方整咗先啦，剩低果部分再慢慢研究點整，你肯試實得嘅。」

優點
剖析

不可熱心過頭

孩子利用你的同情心時，千萬別中計，你的一時心軟，反而會搶去了孩子挑戰自己的良機。如果孩子視你為偶像，你更加要警惕自己，不可因為孩子稍稍示弱，便搶著在孩子面前顯示自己的本事。

鼓勵孩子接受挑戰

你不妨從旁指導，當他遇到不明白的地方，亦只可以提點一下，盡力鼓勵孩子自己動手做，這是訓練孩子解難能力的大好時機，培養孩子挑戰困難的勇氣，不是比自己逞一時威風更有意義嗎？

禁句例子：「唔好咁快放棄！你拎啲工具嚟，等我幫你整，肯定全班最靚。」

缺點
透視

孩子不敢嘗試

不斷說自己做不好的孩子，易給人缺乏自信的錯覺，其實，他可能是百分百的完美主義者，因害怕自己造出來的勞作有一點半點瑕玼，才遲遲不肯動手去做，這類孩子，害怕面對失敗。

全「賴」有你

所以，大人自告奮勇幫助孩子，就等如協助孩子逃避失敗，以後孩子會習慣在大人面前自貶身價，「引誘」大人主動幫助他，漸漸地，他就養成依賴的性格。

19 孩子表示想做家務時……

建議金句：「多謝你想幫手喎。咁你做好功課未先？未嘅話，等你做完功課，我先再安排工作你做啦！」

優點剖析

綜合發展

要給孩子全面的發展，就要給他多元化的訓練，只叫他做功課，很容易忽略了他的其他才能。對孩子來說，做家務不止是遊戲，更是學習一般常識的黃金機會。讓孩子自己安排做功課和做家務的時間，從中可學會時間管理的技巧。

一舉兩得

你可以和孩子一起做家務，一邊他做家務的同時，一邊閒話家常，談談學校生活。做家務是很好的親子活動，又可全面地訓練孩子才能，可說是一舉兩得。

禁句例子：「你專心做功課，唔好咁八卦理其他嘢。」

缺點透視

缺乏源動力

這句錯誤例子將會惹來無窮後患。通常，孩子對有興趣的事，都會格外用心去做，相反，不感興趣的，不值一顧，所以，當孩子主動要做家務時，他必定用心去做，可是卻給大人拒絕了，更被迫做功課，結果，他表面上是一副專心的樣子，實際是在雲遊太虛。

製造逃避藉口

每次都以做功課來禁止孩子做其他事情，很快地，他便知道做功課是最好的逃避藉口，下次想叫他做其他工作，他會理直氣壯的說：「要做功課呀！」然後在功課面前發白夢。

20 孩子打爛東西時……

建議金句：「呢度地方淺窄，稍為放得唔好就會跌爛㗎喇。記住下次小心喇！」

優點剖析

事先提醒

叫孩子幫忙時，應該提點他一下要注意的地方，例如「呢個好容易爛㗎。」、「呢個好重要㗎。」孩子自然會盡可能提高警覺，減少失誤的機會。

試多一次

當孩子失敗了，你該和他一起感到難過，可以的話，鼓勵他再試多一次，讓孩子恢復自信，亦可以找出失手的原因。做事大意的人，都比較容易緊張，所以，你說話的語氣愈重，他愈心慌慌，愈易做錯，這點值留意。

禁句例子：「一早叫你做嘢專心啲㗎啦！睇吓，又跌爛嘢喇。」

缺點透視

增加自卑感

孩子不像按一下就可控制開關的電掣，他不會接到命令就進入專心的狀態，事實是好些時候剛剛相反，常被罵責的孩子，更難集中注意力，更容易產生自卑感。

不夠體貼

孩子常常打破家中物件，是因為經驗不足，不知輕重，不知什麼時候需要特別小心，再加上手足的協調還在發展階段，不能完全隨心所欲地控制身體各部分，這些都屬於先天限制，大人為此而興問罪之師，便顯得不夠體貼孩子了。

21 孩子辭不達意時……

建議金句：「你剩係話呢個，我聽唔明㗎，你慢慢講俾我聽啊。」

鼓勵説話

儘管你猜到孩子想説什麼，也要裝作不知道，並鼓勵孩子把自己的意思完整地表達出來，這樣才有助孩子發展語言能力。

忍耐和毅力

大人要有無比的耐力。孩子要很努力才可以組織出完整的意思，所以大人該花時間等待孩子把話説完，見到你如此專心聆聽，孩子便得到鼓舞，更會努力改善自己的表達能力，進步自然也愈快。

禁句例子：「呢個？定係呢個呀？你一定係要呢本嘞！你想睇呢本？」

口齒不清

孩子表達能力不高，特別是牙牙學語的孩子，所説的話更令人摸不著頭腦，這時候，大人用心推測孩子的心意，像玩「有口難言」遊戲，猜中了，大人孩子都會感到滿足，孩子得到想要的東西，滿足；大人覺得和孩子心靈相通，更滿足。

阻礙語言發展

聰明的大人善解人意，本來是件好事，但這樣的話，孩子每次都不用把整句話説完，從孩子語言發展的角度來看，大人「話頭醒尾」反而是一種阻力。

22 孩子不停問為什麼時……

建議金句：「呢條問題問得唔錯，我依家上網幫你查一查，再答你下。」

鼓勵好問題

孩子問「點解」時，不該斥責，如果他的問題有創見，更不妨鼓勵他多發問，日子有功，他發問問題的技巧會不斷進步，而不再問一些「蠢」問題。

解答問題的技巧

遇著超高難度的問題，你又該如何回答呢？孩子最常提問的是科學問題，如果你打算給他上一堂科普課，孩子的疑問反而愈來愈多，既然如此，何不將你的標準答案加入一些童話色彩呢？例如：「天上嘅雲，係神仙BB嘅紙尿片，會吸水，吸水太多，咁咪漏咗出嚟，落雨囉。」

禁句例子：「你乜都問點解！我點識得咁多嘢呀！唔准再問喇！」

孩子感沮喪

孩子發問的目的，其一，希望自己的疑問得到解答；其二，亦希望透過發問引起大人的關注，當大人疲於應付孩子而失去耐性，禁止發問，孩子得不到所期望的回應，會感到失望和沮喪。

阻礙發展解難能力

你和許多父母一樣，愈來愈重視回答孩子的問題，只是孩子的問題實在太多，好些問題的難度也實在太高，為免自己出醜，不得不發出禁制令，結果，孩子便失去分析問題、解決問題的訓練機會。

23 看見孩繪畫時……

建議金句：「你隻青蛙好得意喎，點解會有隻角？係用嚟做乜㗎？」

1. 創意就是前所未有

所謂創意，便是搶先一步發揮聯想力，將未必相連的東西扯上關係，突破固定模式，孩子畫出怪蛙，不就是打破傳統嗎？不就是創造了一隻舉世無雙的青蛙嗎？你應加以讚賞。

2. 欣賞每項創作

以欣賞的角度，鼓勵孩子描述自己作品的特色，不單令孩子得到正面鼓勵，還可以訓練孩子如何表達自己的情感。

禁句例子：「青蛙邊係咁畫架！完全都唔似，等我幫你畫把啦！」

1. 謀殺創意

創意工業是新興名詞，但要落實創意工業的發展，便必須要有足夠的自由空間。培育孩子創意也一樣需要空間，讓孩子發揮想象力。大人管束孩子的畫法，等如把孩子的創意謀殺。

2. 忌大人干預

孩童階段是培育創意的最佳時間，因為孩子的思想不像大人般已有既定模式。孩子把青蛙加雙角，或者有翼，因為加上了自己的幻想。繪畫不一定要寫實地把物件畫出來，成功的畫家，會把自己所感所想融入畫中，成為自成一派的風格。

24 孩子用圖畫表達感情時……

建議金句：「太陽好特別喎，點解會咁畫嘅？如果我哋望到嘅太陽，真係好似你畫出嚟咁樣，應該會好得意。」

優點剖析

1. 最忠實的畫迷

欣賞是鼓勵孩子發揮創意的催化劑，你的讚賞，無疑可以加強彼此的信任，使孩子知道，自己不管創作什麼，你都是他的「百樂」。

2.多了解孩子內心感情

詢問孩子為何會把太陽畫成那樣子，可以知道他小腦袋裡還裝了些什麼，不妨發揮你的創意，與孩子一起探索更特別的太陽畫法，你也會有所得益。

禁句例子：「你畫錯左喇！太陽梗係紅色架啦！」

缺點透視

不解畫中情

好些年前，有套台灣電影叫《魯冰花》，故事圍繞一個有繪畫天賦的孩子，畫了一幅表達爸爸在田裏工作的意像畫，畫中太陽是黑色的，老師問他，為何太陽是黑色的，他答，把太陽畫黑了，爸爸在田裏工作便不會被曬得太辛苦。

誰說太陽一定是紅色的，在一個孝順孩子眼中，就希望太陽是黑色的。繪畫是藝術，並無對錯之分，只看作者想表達什麼，欣賞作品的人又能接收到什麼訊息。

25 孩子只喜歡 畫同一東西時……

建議金句：「我搵日帶你去公園，你試下發掘新事物嚟畫，好冇？」

優點剖析

擴闊世界觀

城市中的孩子，最常看見的是汽車，他只會畫巴士並不出奇。要刺激孩子創作靈感，可以帶他到郊外，在大自然多姿多采的形態中，孩子會感受到和城市不同的氣息，創作題材便會多樣化。

積極不干預

積極鼓勵孩子多創作，但不可干涉孩子創作的題材，給他自由發揮的創作空間，便已足夠。

禁句例子：「你唔好獨沽一味剩喺畫巴士啦！你畫下其他嘢先得㗎。」

缺點透視

不尊重孩子

大人們當然希望孩子喜歡畫不同的東西，因為老是畫同一事物，很快便會生厭。誰不知，孩子卻有一個特點，就是他不重結果，只重過程，畫巴士的過程就能帶來無限樂趣，強迫孩子改畫其他，就變得不尊重孩子感受了。

大人需要自省

看見這情形，大人也要自問：為什麼孩子只會畫巴士，而不畫其他呢？是不是孩子少見世面，沒親眼看見過花鳥蟲魚呢？

孩子愛在家塗鴉時……

建議金句:「你畫得幾好喎,點解唔畫起圖畫簿到呢?可以收藏起嚟慢慢睇番喎。」

優點剖析

鼓勵勝於禁止

鼓勵最能令孩子健康地成長。在這情況下,當然不是鼓勵他到處亂畫,而是引導他在適當的地方發展潛能。你可以把孩子畫在畫簿上的傑作「貼堂」,然後,親自把牆上的畫塗去,並一邊笑著說:「你真係畫得幾靚喎!可惜要油左去吖,以後唔好畫係牆度喇。」

發揮創意

孩子喜歡繪畫,卻畫得不太像樣,沒什麼天分,可是,也千萬別潑冷水,繪畫只是發揮創意的一種媒介,成績如何不重要,最重要的是,繪畫可以激發孩子的潛能,例如:想像力。

禁句例子:「你畫到屋企四圍花晒!以後唔准再畫!」

缺點透視

扼殺孩子全面發展

孩子的才能是綜合發展的,換言之,孩子某發方面才能得到發展,也有助提升其他才能,因此,大人可制止孩子在家裡亂畫,卻不應全面禁止他繪畫。

「唔准」惹禍

其實,這句禁語的問題出在「唔准」這兩字上,只因孩子的意欲得不到滿足,他的行為便變得具攻擊性,故意和你作對,愈畫愈過癮,以發洩心中的憤懣。

27 孩子做班長後成績退步了……

建議金句：「你成績退步咗喎，我知你會唔開心㗎喇，或者你要學習一下時間管理，諗下點樣分配時間。」

 優點剖析

鍛鍊身心

做班長的難處是，孩子犧牲轉堂休息的時間為同學服務，對他來說，是鍛鍊身心和意志的機會，成績可能會因此稍稍滑落一點，但是，在意志方面，他肯定比其他孩子優勝，更有自信。

管理技巧

做班長另一好處，是孩子可以學會各種重要技巧，例如領導能力、時間管理、人際溝通技巧等等，這些技巧，終生受用。

禁句例子：「你做咗班長之後成績退步喎，下學期你唔好再做喇。」

缺點透視

挫敗孩子

做班長，是令孩子感到光榮的事，以成績為由，奪去他引以為榮的工作，不管是擔心做班長影響學業，還是作為一種懲罰，孩子都會感到挫敗，甚至心生不忿。

過度擔憂

孩子一次半次的失手，大人便焦急起來，減少孩子讀書以外的活動，這會產生壓力不在話下，更嚴重的問題是，為孩子長遠的發展帶來負面影響。

28 孩子砌模型時……

建議金句：「自己試下點玩，諗唔到，歡迎嚟問我喎。」

思維訓練

砌模型需要的條件，包括靈活的雙手、對圖文的理解力、三維的思考及機械知識，所以你該鼓勵孩子自己動手砌模型，讓他在過程中得到上述的訓練。

盡量少提點

不要多加意見，除非要運用到鉗子、刀片、打火機等具傷害性的工具，否則你不可代勞。可能的話，抽起說明書，任由孩子自己摸索，加強訓練的難度。

禁句例子：「呢件部件唔係砌係呢度㗎，等我示範俾你睇啦！」

好心做壞事

現在的玩具設計非常先進，就以模型為例，組件隨時有數十件，更附上摩打、齒輪、電池箱等機械零件，對孩子而言，砌模型是鬥智鬥力的考驗，你好心替他動手，是剝奪了他一次寶貴的思考訓練。

掃興

更何況，孩子滿心歡喜地砌新模型時，即使遇到了困難，也必定樂在其中，大人橫加干預，大掃孩子雅興，對你的好感肯定大打拆扣。

29 孩子說話 總是結結巴巴時……

建議金句：「（用心聆聽，默默激勵）……」

成就感

孩子說話內容無無謂謂，為說話而說話，目的是練習新學回來的詞語或讀音，這時候，你表現得認真聆聽的樣子，孩子看見，不禁產生一種成就感，亦感受到你這種默默的鼓勵。

耐性最重要

孩子的話裡常夾雜一些沒有意義的口頭語，例如「哎」、「囉」、「即係呢」、「咁咁呢」等，他說時並不自覺，這些口頭語，給予孩子間隙組織下一句說話，你聽見不必趕著提點，就算發現他吐字發音有問題，也要耐心等待他把話說完，才加以糾正。切記，別嘲笑他，一次的嘲弄，都會給孩子留下心理障礙，不利學習語言。

禁句例子：「你講嘢唔好咁多依依哎哎啦！唔該長話短說。」

欲速則不達

對孩子的語言要求過高，或失去耐性，等不及孩子把話說完便橫加指責，趕緊糾正，只會打斷孩子的語言練習，於事無補。

挫敗感

每當孩子說話不及一半便給你打斷，孩子不但感到挫敗，更會怯於你的糾正及指責，而變得更緊張，更加「口窒窒」，久而久之，孩子會發現說多錯多，不如「沉默是金」的道理，以後也不會輕易開金口。

正確的表達方式是：歡歡，不許打小朋友！／強強，不要把玩具亂丟！你想想亂丟玩具對嗎？

不正確的語言：你不可以這樣做！／勇勇，不能去碰插座！你是不是有毛病？

其次要說明行為被禁止的原因。

歡歡，不許打小朋友，因為你這樣做，他們會不喜歡你，你就沒有朋友了！

強強，不要把玩具亂丟，不然你會不小心被它們絆倒，摔壞胳膊的！

勇勇，不能去碰插座，小心觸電！

要具體說明哪種行為是正確的，不能含糊不清，讓孩子不知所措。

正確的表達方式是：歡歡，不許打小朋友！去向小朋友賠禮道歉。／強強，不要把玩具亂丟！把它放在櫃子裡。／勇勇，不能去碰插座！

不正確的語言：你到底是怎麼回事？／照我的要求去做！／你就不懂嗎？

批評時語氣一定要嚴厲，聲音儘量比平常大一些，但千萬不要怒吼。

例如，強強，不要把玩具亂丟，不然你會不小心被它們絆倒，摔壞胳膊的！需要你加重語氣來說，以達到批評的目的。

第五，可以採用一些肢體動作來幫助你達到批評的效果。

具體說，一是直視孩子的眼睛，給他一種威嚴感；二是皺眉，表示你的憤怒；三是抓緊他的胳膊不要鬆手，但不要抓痛了他。

第六，批評與表揚兼用，因為光批評他，只是減少了他不良行為的發生率，而無法幫助他建立良好的行為習慣，所以要表揚他改正之後的行為，這才能達到批評的效果。

30 發現孩子 慣用左手寫字時……

建議金句：「你習慣用邊隻手都得，總之俾心機寫字就得嘞。」

優點剖析

消除成見

科學家早已證明，使用左手和右腦的開發有密切關係。右腦負責創造性思維活動，使用左手的孩子，有助創造性思維的發展，因此，你不必阻止孩子用左手寫字，以免他無故自責。

順其自然

其實，最重要是順其自然，你不必硬性規定他用哪隻手寫字，讓他自由發揮便行。

禁句例子：「你做乜用左手呀？改番用右手！」

缺點透視

歧視觀念

為什麼用左手寫字的外國人，好像遠比中國人多呢？這和歧視有關：

家長認為用左手寫字的孩子標奇立異，所以禁止孩子用左手；

若班中大部分同學都用右手寫字的話，慣用左手的同學便被視為怪物，在群眾壓力下，被迫用右手。

產生罪惡感

孩子慣用左手是出於自然的發展，說不上錯或不錯，可是在你的「糾正」、或群眾壓力下，孩子會覺得是自己做錯了，所以才被你訓斥，或被投以歧視目光，這對孩子身心都有不良影響。

鼓勵孩子金句
101
和孩子這樣說就做對了

31 孩子表演卻失手時……

建議金句：「爸爸永遠係你FANS，一定支持你架。你覺得唔開心，但最重要係你唔好放棄，咁就肯定有進步架喇！」

優點剖析

給孩子面對失敗的勇氣

你不該是孩子心理壓力的主要來源，相反，你應是他最可靠的支持動力，當孩子失敗，感到屈辱時，你要大力的鼓勵他，讓他有勇氣克服失敗。

你的驕傲

孩子擁有成就，你自然為孩子感到自豪，可是，孩子就算沒有什麼驚人成就，只要認真地學習，已是值得你自豪的好孩子了。

禁句例子：「睇下你幾論盡，搞到連我都有晒面呀！」

缺點透視

沒有獨立人格

任何父母都望子成龍，不知不覺間，你對孩子存了過高的期望，見到孩子表現稍不理想，便「肉緊」起來，和孩子榮辱與共，你和孩子雙方便變得沒有獨立人格似的。

愛面子不愛孩子

孩子心裡已不好受，再給你無情的斥責，承受雙重打擊，更得到一個印象，覺得你的面子比他更重要，孩子更會以為，你是用成就來量度他的存在價值，為了你的面子，以後他要背負無形的沉重包袱。

要鼓勵寶寶的
好奇心

寶寶快一歲了，他已經學會爬，並逐漸學會站立和行走，他對身邊的任何東西都有著極大的興趣。你會發現寶寶的好奇心非常強。有的寶寶對電話裡的聲音感興趣，常常牽拉電話線；有的寶寶對牆上的電源插孔感興趣，常用小手指去捅，家長越是阻攔，他越要去試，小寶寶變得調皮、不聽話了。

寶寶喜歡探索的精神應該受到鼓勵，他不停地觸摸各種東西，不斷地嘗試新事物，在這個過程中，寶寶懂得了事物的因果關係，也促進了記憶的發展。但寶寶的好奇心也可能給他們帶來一些傷害。因此家長應正確對待寶寶的好奇心，注意以下幾點：

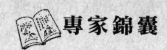

1、正面教寶寶認知事物，多鼓勵，少説「不」。過份限制寶寶的行為，會使他失去許多學習的機會。

2、可給予適當的負面刺激，當小兒不知深淺去擰動熱水龍頭時，家長可濺一點點熱水在他手上，給他一些感性認識，或用略加誇張的表情和肢體動作告誡寶寶。

3、最大限度地減少不安全因素，將刀剪、熱水瓶、藥品等物放在小兒不容易觸摸到的地方。把容易引起寶寶誤解的東西鎖起來，如：像糖果的蟑腦丸，裝在飲料瓶裡的洗滌液等。

如何訓練幼兒的注意力？

注意，是一種多面的、動態的、多層次的過程，並且受內在因素和外在因素的影響。注意，有隨意注意和不隨意注意之分。定向反射是注意的生理機制。大腦的額葉、腦幹、丘腦在調節隨意注意方面有重要作用。

出生後三個月的嬰兒，由於條件性定向反射的出現，
開始能夠較集中地注意一個新鮮事物；五六個月時能
夠比較穩定地注視一個事物，但持續時間很短。隨著
活動能力的增長，生活範圍的擴大，孩子從出生後的
第二年起，對周圍很多事物感興趣，也能稍長時間地
集中注意某一個事物，專心地玩弄一個玩具，留心注
意周圍人們的言語與行動。

到了幼兒期，注意的穩定性不斷增長，可以較長一段
時間去做他們感興趣的遊戲或者聽講故事。由於學前
幼兒仍以無意注意起主導作用，他們的注意力集中的
時間不僅短暫，而且很容易轉移。

例如四五歲的孩子在教室裡聽老師講故事，突然窗外
傳來一群孩子的歡笑聲，他們的注意就會立即轉向窗
外。

有意注意在孩子入學之後，在教學的影響之下斷續進
行，但有意注意的形成卻是孩子入學準備應有的重要
條件之一。

一般說，孩子在幼稚園通過活動所提出的一定目的，
如組織參與遊戲，尤其是參與一些比賽性的作業或勞

鼓勵孩子金句
101
和孩子這樣說話便對了

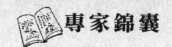

動，為了實現這些目的任務，他們就會不斷有意識地調節和控制自己的行動，促進有意注意的發展。曾有研究報道，注意力集中的時間隨年齡增長而逐漸遞增：兩至三歲嬰兒能集中注意10分鐘左右，五至七歲15分鐘左右，七至十歲20分鐘左右，十至十二歲25分鐘左右，十三歲以上30分鐘。

有不少幼兒的家長投訴說：孩子在幼稚園表現得注意力很不集中，10分鐘都耐不住，老師特別反感，認為孩子有多動症。雖然，對學齡前期兒童不診斷「注意缺陷」與「多動綜合症」，但為了孩子能夠適應日後上學，對這些幼兒的注意力應當加以適當訓練，方法如下：

彈琴數數：由家長或老師彈琴，每彈一個音，讓孩子數一個數，彈到某一個音時就停下，叫孩子說出一共彈了多少個音。

拍球數數：由一個孩子或大人拍球，每拍一下，讓別的孩子數一個數，拍到一定數時，突然停下，看孩子能否說對拍球的總數。

物品變位：在桌子上擺幾件物品，讓孩子看清楚後，令他轉過身去，將物品變換位置或取走其中的一兩件物品，再讓他轉過身，説出物品的變位，或者説出被取走的物品名稱。

數位變位元：在黑板上順序貼出由1-10的10個數位，讓孩子觀察並認識這些數位，然後讓他轉過身去，把個別數位交換位置或者取走，再讓他轉回身來，迅速説出哪個數位變了位元或者已被取走。

覆述圖畫：給孩子看一張或一組有趣的圖畫，然後移開，讓他復述所見圖畫。

看幾何圖形數數：在黑板上畫出由易到難順序排列的幾何圖形，讓孩子對各類幾何圖形進行分析判斷和計數，這樣既訓練他的注意力，也訓練其觀察力，提高思維能力。

此外，還可以讓孩子經常練習一些拍球、走平衡木、滑滑板等體育活動。如果孩子能夠熟練地在平衡木上走動，或者玩滑板時，可以在他玩的同時，訓練他接投給他的球，這樣既訓練其動作，又訓練其集中注意力的能力。

家長批評孩子要講究語言技巧

你會批評孩子嗎？若不講究語言上的策略，孩子會認為你是在嘮叨，而起不到應有的懲罰作用。以下這位父親在批評時成功地運用了一定的語言技巧，達到了改變兒子不良行為的目的。是什麼呢？

五歲的華華吃飯時經常用勺子把食物攪到餐桌上或者弄到地上。有一次吃飯時，華華又開始亂攪食物，父親這時走到他的身邊捉住他的手，並怒視著他，用極其不高興的口吻說：「華華，我們不喜歡你亂攪食物，因為你將餐桌弄得亂七八糟，我們必須花好多時間來收拾，現在你要學會用勺子好好吃飯。」華華按照父親的要求，吃了幾口，父親接著說：「你這樣做才是好孩子，大家才會喜歡你。」在以後的吃飯過程中，又連續不斷地批評過華華幾次，之後華華不再亂攪食物了，這一壞習慣得到了糾正。

這位父親在批評時成功地運用了一定的語言技巧。批評時，首先要直接了當地說明孩子的哪種行為是不該做的。

促進港孩
與人溝通

32 家長日時……

建議金句：「我真係教佢唔掂，等我講個情形出嚟，老師你再話我知邊度出咗問題吖。」

反省教育方式

孩子教而不善，該首先反省自己是否有什麼不足。發現一貫的教育方法對孩子不管用，應該嘗試另一種方法，而不是把責任推給他人。老師當然也有責任教導你的孩子，可是，若你教不得其法，老師再怎樣努力，也只會徒勞無功。

永不放棄

盡責任的你，一定不可輕言放棄，教育孩子時，難免會有失敗時候，只要你肯請求他人指導，反省，就可以盡父母的天職。

禁句例子：「我真係教佢唔掂，真係要留番俾學校教至得喇。」

推卸學校負責

很明顯，說出這禁語的大人希望把教育孩子的重負，全部推在老師身上，大人這做法實在欠缺責任感，孩子聽見了，便覺得給大人放棄，以後更不會聽大人說話。

拒絕改變

想深一層，為什麼人大會覺得無能為力呢？孩子異常頑劣是原因之一，另一原因，是大人不因材施教，不會就孩子的特點來調整教育方法，有時旁人給予忠告，也置若罔聞，從沒想到是自己的方法出了毛病。

鼓勵孩子金句
101
和孩子這樣說話便對了

33 孩子訴說沒同學和他玩，感到寂寞時……

建議金句：「你覺得同學仔唔同你玩，你係咪覺得俾人排擠呢？係咪呀？」

優點剖析

表示了解孩子感受

當孩子真情流露時，最要緊是接受他們的感受。用語言，或身體語言表示，你明白他們的感受，例如：「你一定係覺得好傷心喇」、「你一定係好唔滿意喇」只要你說出了孩子真正的感受，他們會感受到關懷，亦會更加信任你。

孩子樂意說下去

孩子不快樂時，最需要的並不是什麼安撫或補償，而是和你溝通。孩子希望你明白他們的內心感受，你做到這點的話，孩子以後會很樂意和你說下去，把心底話說給你聽。

禁句例子：「同學仔唔肯同你玩唔緊要，我請你食雪糕補番數！」

缺點透視

雪上加霜

孩子本來已很不開心，大人急於安撫孩子，或用物質補償他們的舉動，會令孩子發覺你不了解他們，不重視他們的感受，結果是孩子更傷心，更易發脾氣。

斷絕溝通

孩子的感受得不到你適當回應，你和孩子之間的聯繫便斷了線，使雙方陷入無休無止的誤解，衝突亦由此而起。

34 如何和孩子打開話題？

建議金句：「我今日係公司見到一個好得意嘅客人呀。咁你又點呀？」

不可勉強

當孩子不想說話時，不要強迫他開口說話，因他也有自己的主見和私人空間，如你不知情識趣，硬要和他說話，這就說不上想溝通。

改變話題

你要改變過往的溝通策略。孩子長大，他的世界擴闊了，關心的事物，也隨之多元化起來，打開話閘子時，可以由你先說出當天發生的事和感受，引起他的興趣，對話時，可以把他當是大人一般，天文地理、個人問題、新聞時事，都可共同討論，只要孩子表示有興趣便行。

禁句例子：「今日你做過乜嘢呀？然後呢？跟住又點呀？再講多少少啦……」

錄口供

想加深對孩子的了解，當然要多和孩子溝通，聽聽他的學校生活如何，結識了什麼同學，聆聽孩子說話，也是大人的樂趣。可惜的是，孩子長大後，顯得不大願意和大人說話，大人唯有主動打開話閘子，可是又不知從哪裡開始，焦急之下，問題便如機關槍般連珠爆發，又像警察審犯一樣，孩子便也像電影裡在等待律師的犯人一樣，什麼也不肯說。

鼓勵孩子金句
101
和孩子這樣說話便對了

35 孩子主動給勞作你看時……

建議金句：「唔好意思，你睇到啦，我做緊好重要嘅事，你等一陣間，我做完先慢慢睇下。」

不可亂誇獎

改用誇獎的方式又如何？給孩子看穿了，還落得一個欺騙的罪名，孩子不高興，會懷疑自己的能力，也會懷疑你以後所説的話。

坦白從寬

你真的忙得不可開交時，向孩子從實招供，這樣做，可以教曉孩子體諒別人的胸襟，也表示了你隆重其事的態度。記著，不可食言，忙完後，一定要認真看看孩子的大作，並誠實地下評語。

禁句例子：「啊、啊，幾好吖。」

1. 敷衍

不知何解，孩子總要在大人忙得連去洗手間的時間也要省下來的時候，主動遞交他的大作給大人評分，大人接過了，看了數眼，説：「幾好吖。」聰明的孩子又怎會聽不出敷衍的意味呢。

2. 打擊熱情

孩子盡心盡力做好了一件傑作，回報卻只是大人的一盤冷水，孩子對自己的大作付出了熱情和創造力，好應該得到尊重和保護。

建議金句：「你一定係覺得煩惱，懷疑自己解決唔到呢個問題。」

幫助孩子表達自己感受

之前已經說過，孩子鬧情緒時最迫切追求的是了解，因此，你要耐著性子，想辦法引導孩子說出自己的感受，當你表示願意分享他的樂與怒時，自會發現他其實渴望與你溝通。

多用開放式溝通

開放式溝通有兩大重點，其一，是接受孩子的感受，不要急於教誨；其二，用說話表示了解他感受，顯示自己聆聽的誠意。最忌第一時間責罵及指出錯處，這樣做，只會令孩子覺得最親的人，即是你，也不明白他，反而變得憎恨你。

禁句例子：「你冷靜下先，有乜問題慢慢講俾我聽，等我同你分析一下。」

專業分析惹反感

大人經常抱著「我食鹽多過你食米」的心態和孩子說話，每當孩子遇著問題，便擺出一副專業顧問的模樣，理智地為孩子分析問題，相信不少大人也犯過這毛病，表面上，孩子聽著大人的分析唯唯諾諾，事實是，他發現自己的感受完全被忽視。

37 發覺孩子又做錯事時……

建議金句：「係唔係你做嘅？如果係，請你將件事原原本本咁講俾我聽，我保證唔會嬲你。」

優點剖析
尊重孩子

「又係你做㗎啦！」，就是未審先判，孩子當然會為不公平的對待而發脾氣，所以，你在責罵孩子之前，必先抑壓自己的怒火，保持心平氣和，鼓勵孩子把真相說出來，這樣，你和孩子才有可能建立更緊密關係。

禁句例子：「唔駛問阿貴，又係你做㗎啦！」

缺點透視
先入為主

有時候，大人對孩子的看法太過簡單，犯上先入為主的毛病。例如，大人看過孩子吃士多啤梨味的雪糕一次，便以為他愛吃這種味道，之後每次都買這味道給孩子了。

形成偏見

孩子表達能力不足，是產生這現象的原因。大人不時要單方面推測孩子的意思，漸漸便養成一種單方面推測孩子行為的習慣，當大人心中存了這孩子是冒冒失失的念頭，還沒有弄清楚孩子做錯了沒有，便已認定又是他冒冒失失所闖的禍。

38 孩子發脾氣、無禮對待你時……

建議金句：「我估你而家一定係好嬲，先變得咁冇禮貌。但係，我真係接受唔到你咁樣講嘢。不如我地一齊平心靜氣商量落去，我想信你一定做得到。」

化解不滿情緒

孩子的爸爸或媽媽，總比自己的孩子成熟，因此你該主動走出第一步，去化解他不滿的情緒。孩子是父母的翻版，你平心靜氣處理情緒問題的成熟表現，正是孩子學習的好榜樣。

公平對待

你是否忘掉當年自己，渴望和大人平起平坐的心情呢？孩子抗拒權威，你應當公平對待孩子，不可恃著父母的地位來大「蝦」細。

禁句例子：「你咁冇禮貌同我講野，我係唔會回應你㗎！」

與孩子為敵

孩子愈長大，有了自己的主見，愈對加在自己身上的紀律不耐煩，愈會和大人對罵「過招」，大人怒火中燒，嘗試用權威顯示自己高高在上的話，孩子會感到極大侮辱。

伺機報復

當孩子感到不平公對待，就會加倍惹怒你作為報復，大人和孩子的溝通因而斷絕，大家的關係就像放進冰格的死魚一樣僵。

39 阻止孩子說話時⋯⋯

建議金句：「你聽我講，中間唔可以打斷我說說，然後到你講，我一樣唔打斷你說話。」

優點剖析

增強表達能力

你讓孩子暢所欲言，甚至容許孩子和你作理性討論的話，孩子在辯論的過程中，可以講心中感，說心中所想，在思考能力及表達能力方面，都會得到足夠的訓練。

對應策略

讓孩子多說話，有利於找出孩子想法上的毛病，從而對症下藥，引導孩子正確地思考問題。

禁句例子：「即刻同我收聲！」

缺點透視

最討厭的禁語

孩子最不願聽到的說話，「收聲」必是三甲之選。這句說話給孩子帶來的訊息就是：大人對孩子的說話沒有興趣，不管如何，孩子的意見不值一聽。孩子的意見得不到表達，沮喪、委屈便隨之而來，長此下去，孩子不會和大人爭辯，也不會再和大人有什麼溝通。

Chapter 3
促進港孩與人溝通

40 當男孩子哭時……

建議金句：「你唔開心就放聲喊啦！我會一直係你身邊架。」

真情流露

讓孩子盡情發洩自己的傷痛，有助平服他不穩的情緒，給予支持，更可令孩子感到你的關懷，願意和你分享他苦惱。

糾正成見

社會上的歧視，都是源於無根據的成見，文明的社會必然大力維護平等機會，哭等於無用、傷殘等如廢物、女孩比男孩軟弱等等成見，都該由孩子腦海中消除。

禁句例子：「唔准喊，似番個男仔呀！以後唔准學女仔喊咁冇用！」

男女定型

把男女定型是普遍的社會現象，例如：在家裡做飯的是女性、男孩子不可以學插花、女孩子踢足球代表粗魯等等，這些觀念其實沒有任何根據，而且限制了孩子多元才能的發展，並不可取。

妨礙表達感情

開心時笑，傷心時流淚，是人之常情，以男孩子不可以哭來禁止感情的表達，不但阻礙孩子抒發不滿的情緒，而且會令孩子感到委屈，大人便更難處理他的情緒問題。

41 你因工作太忙不能實現諾言時……

建議金句：「我知道你好唔開心，但係我實在太忙，抽唔到時間出嚟，我冇辦法。」

優點
剖析

表示了解孩子感受

你要表達出明白孩子的失望，重視他的感受，並說明不能守信的原因，確實是迫不得已，若你的孩子已是「高小」學生，更可給他上一課，讓他學習如何處理失望的感受。

忌過多的歉意

過分冷淡固然令孩子受傷害，過多的歉意亦會給孩子打蛇隨棍上，乘機一次過發洩對你的不滿，所以，表示自己的歉意時要適可而止。

禁句例子：「我患咗失憶症得唔得先？」

缺點
透視

侮辱智慧

大人繁忙得已分身不暇，一踏進門口，孩子便像冤靈般纏著不放，大人心想公司的工作已夠煩了，又哪會記得和孩子的戲言，於是藉詞打圓場，可是，半開玩笑式的回應，卻令孩子覺得自己的說話不被重視，失望和忿怒，直衝上孩子心頭。

不負責任

其實，這類接近無賴的推搪，會給孩子留下很壞的印象，他會覺得大人不負責任，亦開始不再信任大人，以後便難以溝通了。

Chapter 3
促進港孩與人溝通

42 拗不過孩子時……

建議金句:「你大個喇,係可以有多啲主自權,但係,責任亦都會同時增加,唔製造麻煩俾人,亦都係你責任之一。」

優點剖析

為孩子的成長而高興

你不必因為孩子不聽話而生氣,相反,孩子長大懂得為自己出注意,你該為此而感到高興才是。

建立信賴

孩子希望和你平起平坐,與你一起喝著酒的心情,會隨著時日而變得熱切,你和孩子之間的關係,最好建於信賴之上,相信孩子,給予孩子應負的責任感,是建立信賴的好方法。

禁句例子:「哼!你又唔聽我講喇!你以為自己真係好大個呀!」

缺點透視

忽視孩子主意

大人發現孩子愈大愈不聽話,覺得孩子「有毛有翼」就急於飛走,這可能是個不幸的誤會,原因是,孩子自少都有自己的思想,有自己的主意,不過,年紀太細,人微言輕,任何主見都被忽視了,就算作出了反抗,也很容易就被控制下來。

差距拉近

孩子漸長,在能力方面與大人之間的差距縮短,以前不被重視的主見,大人也不得不正視,這就是孩子變得不聽話的原因。

43 孩子四處亂走時……

建議金句：「我同你一齊去，你等埋我呀。」

優點剖析

不設禁區

當孩子長大，你給孩子的禁區便該逐一徹消。每位家長都認為，自己的孩子永遠都不夠成熟，為保護孩子，處處設禁區，這只會激發兩代角力。不設禁區的好處，是孩子自覺得到你的認同，變得樂意聽你的意見。

滿足好奇心

Mo仔游近人類遊艇，代表了孩子喜愛冒險的心理。喜愛冒險的孩子，好奇心重，做事亦較積極，所以，你可以陪同孩子一起冒險，盡量滿足他的好奇心，鼓勵他的積極性。

禁句例子：「你仲未得㗎！唔好去呀！你即刻同我番埋嚟。」

缺點透視

愈叫愈走

你和孩子好像無時無刻都在角力一樣，因為你們都有自己的主意。在電影《海底奇兵》裡面，有這一幕，小丑魚Mo仔為了表示自己的能力，游到人類的快艇船底，Mo仔爸爸馬上以權威的態度，命令Mo仔回來，給果是Mo仔繼續地的自「游」行。

大報復

Mo仔爸爸愈禁止，Mo仔愈想打破禁令，取回自己的話事權。其實，Mo仔兩父子老早存在溝通上的問題，Mo仔爸爸輕視自己孩子，Mo仔覺得受到不公平對待，便故意違命，向爸爸報復。

Chapter 3
促進港孩與人溝通

44 孩子喜歡插咀時……

建議金句：「你乖乖咁坐喺度聽，如果有意見，要等人哋講完先可以發言喎。」

優點剖析

見識廣闊的世界

讓孩子參與大人的談話，對中國人家庭來說，似乎是太過「開放」了一點，只是，當你明白到，大人的談話，對孩子來說，就像互聯網，內裡包羅萬有，有他還未體會過的人生經歷，也有他從未聽聞的知識，而且，給他發言權，就是給他提升表達能力的機會。

學習交際禮儀

讓孩子參與大人的社交活動，可以乘機教授他基本的禮儀，鼓勵他主動和大人打開話閘子，和大人對話，亦有助他成為一個有禮貌、有教養的孩子。

禁句例子：「大人講嘢，細路仔唔可以插咀！」

缺點透視

不重視孩子意見

當你和大人傾談時，孩子害怕被你忽略，便嘗試加入你們的談話，希望你們作出回應，以證明他的存在。你決絕的態度，只會說明你真的不重視孩子，也不了解孩子的感受。

失去聆聽機會

孩子學習的速度驚人，相信你也留意到，他無時無刻都都在吸收外界的知識，你拒絕他參予大人的談話，便奪去他一邊聽，一邊思考的學習機會。

45 客人來訪時……

建議金句：「呢位係陳師奶，稱呼完人之後，先乖乖地坐度，講嘢嗰陣要有禮貌喎。」

優點剖析

尊重孩子的主見

孩子是家庭重要一員，年紀雖小，但同樣有他的主見，有客人來訪時，孩子希望參予你們的談話，事實上，他的確有接待客人的權利，因此，你可以把孩子介紹給客人，再讓他坐下來一起談話，孩子得到和大人一樣的地位，感到自己的存在感。

學習社交知識

你擔心孩子對客人說話「冇大冇細」，或害怕他失禮人前，不如趁這機會教他一些社交知識，即學即用，事半功倍。

禁句例子：「我同陳師奶有嘢傾，你同陳師奶個仔過去嗰邊玩啦！」

缺點透視

搗蛋洩忿

孩子不會甘心就此離開，認為自己所以被逐，因為大人討厭他的存在，心中會產生不滿，必定想辦法把這種不滿情緒發洩出來，孩子搗蛋搞事，在所難免。

引人注意

客人來訪，孩子很想聽客人的說話，也希望和客人說幾句話，所以，他反而會不停打擾大人，目的是引起大人的注意。

Chapter 3
促進港孩與人溝通

77

46 孩子纏著你不放時⋯⋯

建議金句：「我知你會唔開心，對唔住，但我做緊嘢，你自己玩一陣先吖。我答應你，做完嘢一定嚟陪你。」

優點剖析

給孩子尊重

讓孩子知道，你重視他本身，更關心他的感受，所以，需要表明你了解他失望的心情，並衷心表達歉意，這樣，孩子自會明白你真的離不開工作崗位，而自動走開。

耐心地講解

你忙得連水也不可喝一口時，也必須要耐心地向孩子解釋不能陪他的理由，如果他仍死纏不休，唯有答應他做一件事作補償。切記，一諾千金，絕不可反口不認數。

禁句例子：「唔好嚟煩我！走開走開！」

缺點透視

遺棄孩子

你忙著做自己的事情，正在專心致志的時候，孩子總是會跑來纏著你不放，你衝口而出的這句禁語，可能屬無心之失，卻已嚇得孩子目定口呆，還會覺得自己不被重視，產生失落的感覺。

千方百計引你注意

孩子被你趕走，蒙受委屈，不會這樣算數，他或會做出各樣頑劣的行為，目的是令你為他的劣行出回應，再次把注意力放在他身上。

鼓勵孩子金句
101
和孩子這樣說話便對了

47 孩子諸多藉口、
不肯上床睡覺時……

建議金句：「（心平氣和地）俾多五分鐘時間你去殊殊同飲水，然後就靜靜地咁瞓咯喎。」

優點剖析

盡量不理會

當你知道孩子搗蛋只為引起你注意時，再不用無名火起，只要不理會他，他自會明白這招已不起作用，乖乖鳴金收兵。

平時多注意孩子

避免孩子存在感不足，你平時就要小心觀察自己的孩子，每當看見孩子做對了某事，或某方面進步了，便即時給他鼓勵，表示欣賞他的表現，這可幫助孩子建立存在感。

禁句例子：「一陣又話去殊殊，一陣又話口渴要飲水……總之唔准你再落床，即刻瞓！」

缺點透視

這陷阱偏你遇上

你火氣十足的反應，正是孩子所要看到的，因為他借尿遁，拖延睡覺的目的，是要引起你的注意。孩子好些時候會感到徬徨無助，不知自己的存在價值，只好做些你討厭的事情，令你為他作出回應，讓他感到存在感。

失去耐性

你心裡的不耐煩，像火山般突然爆發出來，孩子會給你突如其來的火爆表現嚇得哭起來，他愈想愈委屈，情況就愈加難控制。

Chapter 3
促進港孩與人溝通

79

建議金句：「無論你點樣扭計，我都唔會應承你，我冇能力你鍾意乜，我就買乜俾你㗎。我哋走喇。」

1. 不怕尷尬

不要因為怕尷尬，怕被途人用奇異目光注視，而購買玩具了事；大聲責罵孩子，他只會調高哭鬧聲量。你要用堅定但平靜的語氣，解釋不買的原因，然後帶他離開。記著，別怕尷尬，因為多數孩子還會繼續扭計，只要你堅持，他態度會慢慢軟化。

2. 防範於未然

上街前，可以先向孩子說：「今日出街唔係為咗買玩具，如果你睇中一樣玩具，可以話俾我聽，如果你遵守諾言，而我又有能力買，第二日先帶你買。」如果孩子給你的信任評級是甲++，他必定聽話。

禁句例子：「你再扭計吖！我唔要你喇！」

1. 心理威脅

孩子大吵大鬧，希望用這方法要你屈服，你心裡明白，決定以其人之道，還治其人之身，雙方對峙不下，又再次捲入無止境的權力鬥爭中。

2. 調低你的信任評級

你是孩子的避風港，當他發現你常用拋棄來威嚇他時，他會不再信任你，遇到困難，也不會和你傾吐，最後你會發現，愈來愈不明白孩子在想什麼。

49 孩子怕鬼時……

建議金句:「唔駛驚。我喺度保護你。」

接受孩子恐懼心理
當孩子說怕鬼,或是害怕其他東西時,必須立刻表示接受孩子的恐懼,更要給他安全感,讓他感到可以依靠你,孩子的恐懼很快便會消除。

別對孩子講「耶穌」
孩子對世界認識不多,常會感到迷惘和不安。你以最科學、最理性的態度,解釋鬼存在的可能性,對大人來說,這些道理或許具說服力,但大部分孩子卻會聽得一頭霧水,心裡還是會感到不安。只要不嘲弄孩子,不要用鬼怪來威脅他,當他年漸長,認識世界多一點,怕鬼的恐懼自會慢慢消除。

禁句例子:「呢個世界邊有鬼㗎!係得你呢隻冇用鬼!」

害怕,沒有罪
每個人都有害怕東西,男人大丈夫也有可能怕老鼠,孩子又為何不能有害怕的東西呢?好多時候,你為什麼會害怕某樣東西,可能連你自己都說不上來,總之每次看見或聽見,就會毛髮直豎,這是自然不過的事,沒有什麼罪過。

譏笑弄巧反拙
罵責孩子怕鬼、怕狗,是不近人情,若藉此譏笑嘲弄他,更是不要得的行為。或許你想用輕鬆的手法,淡化孩子害怕的心理,可是,孩子只會覺得你無情,更無法給他安全感。

Chapter 3
促進港孩與人溝通

50 陪同孩子購物時……

建議金句：「我覺得另外一對會比較好，不過，最要係你自己鍾意。」

優點剖析

別扮大驚少怪

看見孩子揀了你最討厭的款式，可別像禁語一樣「哇」一聲的大叫出來，其實，你該表現出尊重孩子的決定，就算你真的看不過眼，意見也該點到即止。

孩子本色

或許你覺得孩子的選擇標奇立異，但他也有自己的審美眼光，好些時候，孩子為了表現自己獨一無二的一面，故意選一些大膽、誇張的款式，這時候，你可幫助他顯示自己的本色，而不是將你的喜好強加於他身上。

禁句例子：「呢對波鞋唔好花厘碌喎，你不如揀過第二對啦！」

缺點透視

不尊重孩子選擇

孩子年紀雖細，但在很多方面早表現出自己的主見，例如看電視、看圖書，孩子也有自己的心水，儘管你並不認同他們的選擇，可是你直接了當的否決，會使孩子感到不受尊重，覺得你專制、老土，抗拒和你一起購物。

激化兩代分歧

出現分歧的原因，很多時是由於兩代間價值觀的不同所致，而不是對或錯問題，你橫加干預，便凸顯了你和孩子的代溝，增加溝通困難。

鼓勵孩子金句
101
和孩子這樣說話便對了

51 孩子說出失敗理由時……

建議金句：「我信你盡咗力，你識得反省，搵出今次失誤既原因，咁下次就一定會有進步，最緊要係錯而能改呀。」

優點剖析

壓力來源

比較是壓力的來源。當你常把孩子和別人比較，希望用別人的成績激勵自己的孩子，孩子好勝，或許會拼盡全力，但壓力卻會令孩子透不過氣來，一得一失，心理質素還未夠健全的孩子，最終可能會抵受不了壓力，不能發揮應有的表現。

記取教訓

鼓勵孩子克服自己的弱點，從錯誤中學習，對孩子成長更有好處。最重要是，幫助孩子學習如何對抗逆境，再次接受挑戰的勇氣。

禁句例子：「你唔好諸多藉口，點解人哋做到你做唔到吖？」

缺點透視

孩子覺委屈

收到孩子默書的成績，看見不該有一點的多了一點，該多一勾的卻又沒有了一勾，就是這一點一勾，錯失了拿一百分的機會，大人變臉，孩子忙說自己一時大意，多數大人不會接受這理由，「點解人地做到你做唔到吖？」孩子百辭莫辯。

雙重挫折

孩子也不明白為什麼人家不會這麼大意，他覺得自己盡了力，但力有不逮，大人的說話，不但沒體諒孩子失望的心情，更可說是落井下石。

52 看見哥哥打弟弟時……

建議金句：「你兩兄弟爭執，你哋自己諗辦法解決啦！我信你哋做得到㗎！」

優點剖析

免被利用

哥哥在打架方面可能佔了上風，聰明的弟弟，卻可以改用心理戰，故意扮成弱者，博取大人同情，借用大人的權力對付哥哥，兩兄弟間的恩怨，就因為大人的介入而進一步加深。

置身事外

所以，大人要置身事外，不可被其中一方利用，相信自己的孩子有能力解決問題，更要堅守不捲入鬥爭的原則，持之而行，紛爭定會漸漸平息。

禁句例子：「你做阿哥嘅，唔准打細佬，今次就算數，下次我就唔同你客氣。」

缺點透視

審死官

孩子之間的糾紛是燙手山芋，處理不妥，問題叢生。兩兄弟爭執，本來就難分誰是誰非，因為他們都在為自己爭取權利，小同時為了爭取大人的注意。

懷恨在心

也有另一可能，就是兩兄弟其中一個特別得到大人愛錫，以致另一人懷恨在心，經常挑起事端，作為報復。

53 孩子用武器打交時……

建議金句：「(語氣平靜)你地馬上放低武器，要講道理分對錯。」

冷靜堅定

用平靜肯定的語氣叫孩子放下武器，成功之後，離開現場，讓孩子們自行解決糾紛。待孩子之間的「決鬥」完結，心平氣和了，再和孩子們説道理，並表示堅決禁止他們使用武器。

禁句例子：「你地傻咗呀！做乜用刀仔？你係咪想打死你細路！救命呀！」

歇斯底里

兄弟姐妹爭執，是家常便飯的事，但出動到武器，做父母的一定會嚇破膽。遇到這情況，大人不可失控，不可大叫救命，更不可突然出手搶奪武器，以免被孩子誤傷。

危險的兒戲

孩子本性善良，絕不會有心傷害自己的親人，他拿起武器「決鬥」的行為，多是模仿自電視、電影或是電腦遊戲，所以，若你情緒過激，本來抱著模仿心情的孩子，會受到你情緒影響而跟著失去分寸，形勢便變得更險峻了。

54 兩姐妹爭吵時……

建議金句：「你哋點解嘈交呀？如果細妹做錯嘢，你係家姐，要解釋俾佢知做錯乜。就等如你做錯嘢，我都會慢慢解釋俾你知一樣。細妹俾你細，佢冇你識咁多嘢，你係要耐心啲教佢㗎，就好似我對你一樣咁有耐心咁。」

優點剖析

加強姐姐的責任感

尊重姐姐的地位，激發責任感，讓孩子教導及照顧妹妹，盡量避免捲入他們的紛爭中。

姐姐做榜樣

你可以用鏡子作比喻：「你好似一塊鏡子咁，妹妹會睇住你，你做乜，細妹就做乜，你乖，妹妹自然會有樣學樣，好似你咁乖。」

禁句例子：「你兩個唔准再拗交！通通收聲！做家姐嘅，要讓下細妹。」

缺點透視

對錯難辨

姐姐欺負妹妹當然不對，但也可能是姐姐受了委屈，才會和妹妹爭吵起來，所以大人不應單單說「做阿哥應該讓細佬」、「家姐唔應該蝦細妹」這類說話了事。

慎防偏心

因為在大人喝止下，可以暫時制止二人繼續爭吵，但事情還未解決，罵戰隨時再爆發，而且，姐姐會覺得大人偏心，大人和孩子的關係便會惡化。

55 和孩子談交朋結友時……

建議金句：「你當佢係朋友的話，我冇乜意見，我相信你眼光。」

好朋友的定義

給孩子交友的原則便可以了，更不可單從成績高低來判斷朋友的好壞。成績差的朋友，可能樂於助人，你的孩子在這朋友影響下，也可能變得主動和富責任感。

互相扶持

所謂臭味相投，性格相近的孩子，特別容易成為好友，他們有一樣的優點，也可能有一樣的缺點，大人只要指出他們的缺點，鼓勵他們一起去克服，互相扶持，缺點就更容易改過來。

禁句例子：「華仔咁壞，你唔好同佢做朋友喇。明仔英文咁叻，你就可以同佢玩，對你讀書有幫助呀！」

功利主義

大人總希望孩子可以廣結良朋，可是孩子所結交的朋友，在大人眼中，大部分卻要歸入損友一類。誰是良朋，誰是損友，在大人的概念裡非常清楚，會讀書、成績好、聽話、家境清白的孩子，便是良朋，因為這些良朋，會給孩子帶來好處。如果連結交朋友都從利益出發，孩子便會學得斤斤計較而勢利。

奪交友自由

以學業成績為交友標準，實在是大大限制了孩子的交友自由。好些表面上成績差勁、一無是處的「損友」，在學業以外的地方，可能會是孩子的好榜樣。

Chapter 3
促進港孩與人溝通

56 不喜歡孩子
某位同學時……

建議金句：「你覺得佢有乜嘢優點同缺點呀？佢嘅缺點唔好學喎。」

優點剖析

幫助孩子判斷

在你眼中的「壞朋友」，可能只是頑皮了點點，但重要的是，孩子並不覺得那「壞朋友」壞，所以，你要引導孩子了解對方的優點和缺點，幫助孩子判斷是非、對錯，同時灌輸正確的擇友之道。

多溝通

法官型的說活方式，只會令孩子反感，拆掉和孩子溝通的橋樑，你要給多些耐心，和孩子多談些他朋友的事，也不可輕率否定孩子任何一位朋友，記著，你該扮演顧問這個角色，協助他具備自我判斷是非的能力。

禁句例子：「佢咁壞，以後唔好同佢玩咁多呀！」

缺點透視

沒有阻嚇作用

大人做了法官而不自知，這種一開口便像判罪一般的禁語，顯示大人不信任孩子擇友的眼光，亦打算以權威的態度，影響孩子交朋友的自由，事實是，孩子會背著大人和那個「壞朋友」繼續一起玩耍。

拒絕和你對話

孩子當然不會讓你知道真相，但他又不想說謊，結果，他不再和大人親近，不想和大人有真心的對話，更不會讓大人知道，他做了和那「壞朋友」相同的行徑。

與孩子建立良好關係的八原則

美國兒童心理學家霍普托理查先生認為，要與孩子建立良好關係，保持良好的家庭氛圍，就要與孩子之間確定一個Fletioae原則，即：

一、面對（face）。無論你的孩子現在怎樣，作為家長，你必須要面對他和他的現實。只有你正視孩子的現狀，你才可以找到切入點，繼而找到你和孩子交流的機會和方式。

二、學習（learn）。這裡是指要家長去學習孩子的思維模式。你不要以為你的想法就肯定是正確的，你也不要試圖以自己的想法去影響孩子的生活。現在的兒童在學校、在外面的所見所聞超乎你的預想。所以，多觀察孩子的舉止，多看一些在他們之間流行的

文化，你才知道你要做什麼？怎麼做？

三、主動交流（exchange）。很多人都發現，孩子愈大就愈不願意和大人説話，這其中的主要原因就是孩子不認為和你交流對於他有什麼好處，他也不認為你可以理解他，他更害怕這樣會加重你對他的處罰。所以，你和他主動交流的目的就是告訴他：我理解你，我們的立場可能會是相同的，我可以以朋友的身份幫助你。

四、語氣（tone）。孩子的心理敏感程度比任何一個成人都要高出很多，他會在意你對他説話時的語氣。他可以明確地判斷出你跟他的交流是出於真心還是抱有目的。所以，以一種歡快的、輕鬆的、平和的語氣去和孩子討論或者聊天將非常重要。在很大程度上，孩子是會接受你的潛移默化的，你使用的語氣其實就是一種暗示行為，它將使孩子在今後與人交往的過程中沒那麼緊張，並習慣於輕鬆地思考。

五、獨立（independence）。這是讓孩子形成自我主見的最好方式。無論碰到什麼問題，尤其是關係到原則的問題，你可以敍述自己的立場，然後要求孩子

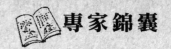

獨立地總結和思索這個立場，再由他來確定問題的最終所在。否則，孩子根本沒機會來表達他的感受，會很容易形成違拗心理或者被動認可心態，對你們之間的交流和對孩子未來性格的形成都沒好處。

六、公開（open）。尊重孩子的隱私，不在背後議論他，對孩子出現的問題時公開討論是能夠獲得孩子信任的重點之一。孩子最害怕的事情就是關於他的事情你卻瞞著他，他會很擔心你對他的看法，要是長期這樣下去，他的心裡話就不會和你說了。

七、肯定（affirm）。孩子需要的鼓勵遠遠多於批評，因此，當孩子做出任何值得肯定的事情的時候，你都要真誠明確地表現出你對他的肯定，孩子會深刻地記住這些鼓勵，他會遵守這些規則，直到他習慣這些良好的作風和行為。你不必擔心孩子會為此驕傲自滿，你要知道，只有在得到過分誇獎的時候，他才會滋生傲慢。

八、平等（equality）。真正的平等來自互相尊重，表現在生活中就是你要創造讓孩子批評你的機會。無論從體力還是從心理狀態來講，孩子都是弱者，你不

能以大人的姿態去「管教」他。孩子最知道委屈是什麼，你給他的委屈越多，你離他的距離就越遠。你給孩子創造批評你的機會，就是要孩子知道他真的可以這麼做，而且可以不必擔心地這麼做。等什麼時候孩子真心覺得他實在找不出什麼可以批評你的時候，你做「大人」做得就算是差不多優秀了。

考驗！你是孩子的朋友嗎？

家教也是一門學問。不少家長的成功經驗之一就是學會了跟孩子交朋友。他們平時經常和孩子們交談，態度誠懇，話語親切，取得較好效果。這些家長對孩子提出的問題認真聽然後和孩子一起探討解決問題的途徑。即使是家長認為不是問題的問題也採取商量的口吻，曉之以理，循循善誘，這樣孩子就願意和你交談，以至無話不說。

在平時，家長要創造條件多跟孩子接觸。晚上看電視，邊看邊聊，經常就各類話題與孩子談心；在節假日帶孩子參觀旅遊，一家人共用自然美景，其樂融融，使孩子感受家庭的溫馨。

現在的健身活動，不少專案大人小孩兒都能玩，像推鐵環、跳繩、踢毽兒，既簡便易行，又充滿樂趣，不妨多跟孩子一塊玩兒。如果有條件，還可以舉辦個家庭健身賽。設不設獎都沒關係，主要是家人共用其中的樂趣。

通過諸如此類的活動，讓孩子覺得家長可敬、可親，像知心朋友，有什麼話都跟家長說。孩子不會因心中的困惑而苦悶，家長也能時刻觸摸到孩子的思想脈搏，使家教有了針對性。可以說是一舉兩得。

家長，您是孩子的第一任老師，更應成為孩子的知心朋友。

父母要向孩子說對不起嗎？

人與人相處，難免會有磨擦，尤其是互動關係頻繁的親子之間，常會因父母的一時情緒問題，傷害了孩子幼小的心靈。此時，父母親一定要勇於向孩子說對不起，撫平他們不滿的情緒，讓他們在良好的互動關係中，學會如何寬容待人。

家是一個孩子人格養成最重要的場所，良好的家庭環境，可讓一個孩子擁有健全的人生。良好的家庭環境，首重家庭教育，尤其父母以身做則的正面行為，更可給孩子一個良好的示範。

教育專家提到：「當父母發現自己對孩子的態度過分氣憤、嚴厲時，或者從孩子的言行中，明顯感覺到他自尊心受傷時，就該向孩子道歉，補償孩子心靈的創傷。」

說話是一種藝術，說對不起更是一門高深的學問，尤其面對心智尚未發育成熟的小孩，跟他們道歉時，態度更應溫和委婉。專家表示：「當父母向孩子說對不起時，要抱持一個誠懇的態度，用接納、關懷的眼神面對孩子，坦誠地和他們溝通，也溫柔地摸摸他們的頭或給他們擁抱。」

每個家庭與孩子互動的模式都不盡相同，每個小孩接受道歉的方式也因人而異，不過，不論用什麼方法，一定要讓家中寶貝清楚明白你發自內心的善意及關愛。專家強調：「我們對孩子情緒感受的處理態度，會影響他的性格和認知。如果孩子內心受創時，大人誠懇地向他們說聲對不起，將來孩子長大後，性格會

鼓勵孩子金句
101
和孩子這樣說話便對了

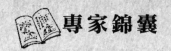

比較溫和、民主，妥協性較高。倘若大人們沒有適時地向孩子說對不起，他的內心會不斷累積不滿情緒，對將來的語言、人格發展都會有負面影響，日後的親子關係也不好。」

我們都想跟孩子保持良好的親子關係，更希望他們能夠健康、快樂、自信、獨立成長，只要我們和家中寶貝相處時，多用點心，就能讓家中氣氛更和諧，更溫馨，使他們在良好的環境下，走向屬於他們的健康人生。

應該大讓小嗎？

這是「多產」家庭的老問題，尤其在大小二人年紀還小的時候。或許可以透過個案解釋：

個案一：李家有兩女兒分別12歲及9歲。家中有一隻新的VCD，因妹妹要返童軍，所以妹妹要求姊姊待她童軍放學後才一齊觀看，但姊姊不願意……

母親平時在兩女兒面前常常要求姊姊讓妹妹，因此

令到她們關係不好。母親叫姊姊獨自去觀看，暫時好像是解決問題，但並不是解決姊妹之間爭執的方法。如小問題，父母可交回兩女兒自己解決，盡量不要幹預。另外父母確記自己是家庭的設計師，要在平時多製造兄弟姊妹的合作機會，令他們感到開心，從而學習人與人之間的相處。

個案二：出外時，妹妹想拉著姊姊的手一齊行街，但姊姊不肯⋯⋯

是一個「心魔」的問題。很多時父母處理事情時，將焦點擺在較小的孩子身上，要較大的讓較細的。是父母忽略了較大孩子的感受，令較大的孩子感覺父母只愛錫較細的。父母這種行動及行為，就能令到兄弟姊妹出現相爭的局面。父母要確記任何事情一定要用理性去處理，不可感情用事。記著「愛與被愛，是每一個人的基本需要」。

鼓勵孩子金句
101
和孩子這樣說話就對了

孩子受欺負家長怎麼辦

看到孩子哭哭啼啼，滿臉受委屈的樣子，家長頓生疼愛之心是很自然的。但不能就此不分清紅皂白地咋咋唬唬：「誰欺負你了，告訴爸爸，我找他算帳去。」或「誰把我家寶寶的衣服弄髒了，讓他媽媽幫你洗。」這樣，會使孩子造成「爸爸、媽媽向著我」的感覺，有時候因不明事情的真相，容易把事情搞糟。

家長應心平氣和地告訴孩子：爸爸媽媽只有知道究竟發生了什麼事，才能發表意見。在孩子講述的過程中，家長不能給予諸如「是他先動手打你的，是嗎」，「你沒有動手，對嗎」等誘導或暗示，而是鼓勵孩子做個誠實的人，講真話。

和孩子共同分析「為什麼會發生這樣的事」

孩子受欺負大致有以下幾種情況。其一，別人無意識的行為。如某個孩子在追逐嬉戲時撞倒了自己的孩子，或在做遊戲時，因代入於某一角色（如警察）而打了自己的孩子所扮演的角色（如特務）。其二，歸根結蒂是自己孩子不對。有時候，孩子確實被別人欺

97

負了，但事情的真相是，他昨天欺負了別人，或他自己的言行導致了別人的正當「防衛」，乃至發生了「防衛過當」。

其三，確實有一些專橫拔扈的孩子，他們常以強淩弱，以大欺小。家長和孩子一起分析事情發生的根源，有利於具體情況具體處理，圓滿地解決好糾紛。

凡事都由父母和教師拿主張，這是孩子獨立性不強的表現。因而，在找到孩子受欺負的根源後，家長不要急於發表意見，而是讓孩子想一想該怎麼辦。一方面可以培養孩子獨立處理問題的能力，另一方面也可以了解到孩子的真實態度，有的放矢地進行教育。

對於別人無意而造成的傷害，家長和孩子都應持原諒對方的態度，及時給以安慰。倘若根源出在自己孩子身上，則應說服孩子首先向對方道歉。倘若責任完全在對方，則鼓勵孩子去和對方講理。

和對方父母交心

不管是自己的孩子真的受了欺負，還是他欺負了別家的小孩，家長最好能抽出時間去和對方父母交交心，

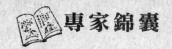

態度要誠懇。對方家長彼此達到諒解，和和睦睦，使孩子受到感染，化「干戈」為「玉帛」，在日後的歲月裡友好相處。

有些父母因為孩子生得弱小，常被人欺負，而將其關在屋內，限制他與同伴交往。這種做法貌似愛護，實質上是害了孩子。痛楚的經歷，加上父母教給其正確的處理問題經驗，對孩子的個性未嘗不是一種良好的磨練。孩子在這種不斷的磨練中才能堅強起來，樹立起信心。

什麼「現今世界是誰怕誰，他欺負你，你就還手打他」；「人家打你，你這麼沒種不還手，我不管你」等等。千萬不要縱容孩子去報復。小朋友之間應以友情為重，以和為貴，多做正確教育。

總之，當孩子受了欺負時，家長要冷靜、豁達，對孩子的關心要恰當；化不愉快為愉快，化不利為有利，充實孩子的人生經驗和智慧。

通過做客提高孩子交往能力

帶孩子到親朋好友家做客，可以增加孩子的社會經驗，鍛煉孩子人際交往的能力，這一類活動對孩子説來很有益處。但有的孩子在做客時不能和小夥伴友好相處，至使聚會不歡而散，令父母難堪。那麼，應該怎樣指導自己的孩子在做客時與小夥伴相處呢？以下幾點請參考：

一、做客前指導孩子。

1、向孩子提出要求，明確在外做客時應有的文明禮貌舉止。要讓孩子知道在外面做客，和在家裡做小主人不同，各家的生活習慣和規矩是有區別的，要守規矩懂禮貌，別人家的東西，未經允許不能隨便拿、翻，有些事情不可自作主張。

2、給孩子介紹去做客家的情況，特別應介紹對方小夥伴的情況和如何稱呼等基本情況，如對方是哥哥姐姐要尊敬，是弟弟妹妹要愛護。

3、指出孩子之間玩耍時的注意點：小客人一定要尊重小主人的意見，要多用商量、徵求的口吻，如：「

鼓勵孩子金句
101
和孩子這樣說話便對了

好不好？」「可以嗎？」「我能玩一會兒嗎？」……並可根據自己孩子的個性特徵給予重點強調要求。如孩子平時好強，事先就要告訴孩子與小夥伴玩時要謙和、忍讓；有的孩子較膽小，家長要鼓勵孩子不要害怕，如「大哥哥很喜歡你，我相信你會和他玩得很開心」。

二、在做客中指導孩子。

做客過程中父母也要關心自己的孩子，不能任隨孩子自己玩，放手不管。可從側面觀察孩子在與小夥伴玩耍中的情況，作一些適當的指點、暗示，幫助孩子矯正一些不適宜的言行舉止。

如果小夥伴之間發生了爭吵、矛盾，小問題，可以在大人的提醒下，讓孩子自己去解決，如果發現是自己孩子做得不對，也可把孩子帶到一邊，慢慢講道理，善意地提出批評，並指導孩子該怎麼做。如需要道歉的話，也應鼓勵孩子勇敢承認錯誤，言歸於好。

如果發現錯誤不在自己孩子，並吃了虧，大人也要心平氣和地對待，告訴孩子「沒有錯，但我們是客人，

能謙讓就謙讓。」要真是沒法一起玩，暫時可把孩子帶開。

三、做客後及時作出評價。

對孩子在做客時與小夥伴相處時的表現要及時地評價，明辨哪些行為是好的，加以肯定；哪些行為不應該，指出為什麼，今後應該怎麼做，讓孩子改有方向。

如果孩子的表現實在令人失望，再三告誡也不聽從，也可以取消下次做客機會，並明確告訴孩子「等你知道怎樣做客，怎樣對待小夥伴時，我們才能帶你去，否則主人不會歡迎你的。」帶孩子在外做客，對孩子來說是他們喜歡的活動，這樣的懲罰也可作正面教育的補充手段，相信也能起到一定的作用。

Chapter 4

增進港孩
培養品德

57 孩子的寵物死去時……

建議金句：「你係咪好傷心呀？所以我哋要小心照顧佢哋。如果唔係，佢哋會好快離開我哋㗎。」

優點
剖析

問候孩子

給孩子表達自己感受的機會，引導他說出自己的心情，這次之後，他便習慣在你面前表達自己的內心感受。

發揚愛

從孩子對生命的關注，培育孩子的愛心和責任心，在飼養寵物的過程中，孩子學會如何照顧小生命，如何解決問題。你也可以和孩子一起搜集資料，增進親子關係。

禁句例子：「不過係死咗隻倉鼠之嘛。」

缺點
透視

無情的表現

這說話沒流露半點惋惜，孩子傷心欲絕時，聽到如此「冷靜」的說話，心中也會涼了半截，他會覺得大人冷血無情，不關心他的感受。

尊重生命價值

生命沒貴賤之分，對孩子而言，倉鼠是他最要好的朋友，大人或者是故意表現出若無其事，減輕事件的嚴重性，可是，卻給孩子生命不應受重視的印象。

鼓勵孩子金句
101
和孩子這樣說話便對了

58 孩子常說要自殺時……

建議金句:「你咁樣講,我好傷心,你係我好重要嘅人嚟,你嘅存在,對我好有意義。」

即時處理

孩子透露想自殺,你該即時安慰孩子,更要讓孩子知道他的存在價值,沒有人可以替代,加強他的存在感,重視他的存在意義,消除他自殺的念頭。

預防方法

多注意孩子的一舉一動,如果孩子持續出現以下情況,便要尋求其他專業人士,例如社工、老師等的協助。

孩子無緣無故把喜歡的物件送給他人;

孩子突然變得不苟言語;

孩子突然滿懷心事、情緒低落;

孩子暗示自己會離家;

孩子對死亡的字眼特別敏感,或對死亡這題目表現出特別的興趣。

禁句例子:「你唔好開口埋口就話要死呀!唔好再亂諗嘢!」

情緒困擾

青少年自殺是社會問題,大人不可以視之等閒。孩子透露自己有自殺念頭,他情緒必是受到某種困擾,必須認真對待,大人的喝止,既不能為孩子解決情緒問題,更會令想向大人求助的孩子卻步。

找出原因

什麼事情會令孩子這樣絕望,要踏上自我毀滅之道呢?壓力、感情困擾、傳媒渲染等等,都可能是原因之一,可是,孩子又為什麼這樣容易走向絕路呢?孩子缺乏面對逆境的勇氣,才是根本原因。

59 孩子透露單戀某人時……

建議金句:「嗯…單戀好辛苦……你諗住點做呀?我實支持你㗎。」

引導孩子透露心事

你可以問孩子打算怎樣展開攻勢,藉此引他說出自己的心事和煩惱,最好成為他的戀愛顧問,以求獲得孩子在戀愛方面的第一手資料,並幫助他處理彌足珍貴的第一次單戀。

愛情和友情

好些孩子事實上未懂得愛情和友情的分別,說話比較投緣,對異性產生好奇,或者接觸過對方「手仔」,便等如愛上對方。你可以給孩子一些準則,幫助他區分愛情和友情。下表是一些建議的準則,作為參考之用。

友情	愛情
●可於短時間內建立	●一般需要較長時間來深入了解對方,才認定情侶的關係
●可以廣交朋友	●需要專一,並不接受多角關係
●遵守一般社交禮節	●雙方願意有較親密的接觸,如接吻

禁句例子：「你唔好笑死我啦！你咁細個邊識 乜嘢叫鍾意吖！學人單戀添喎。」

缺點 透視

自毀溝通橋樑

「單戀是世上最痛苦的事。」或者幾經倉桑的大人並不認同，但至 少孩子心裡是這麼想，他原想和大人分享最痛苦的心事，卻換來了 大人的譏笑，他認定大人不了解自己的感受，以後也不願意和大人 交心。

一知半解

孩子情竇初開，什麼事也一知半解，作為大人，應該把握機會，教 育孩子談情說愛的原則，以及和異性相處的技巧，更重要的是，灌 輸正確的性知識，而不是一笑了事。

60 孩子主動 親女孩子臉時……

建議金句：「男女授授不親，係我哋中國人嘅禮節㗎，立亂錫其他女仔，係唔禮貌㗎！依家等我教你一啲做人嘅道理啦！」

優點剖析

文化差異

孩子接觸西方人士的機會其實不少，好像國際學校的同學、外國回流的孩子、外籍教師等等，甚至在電視或電影都會看到外國人親咀的場面，因此，單單解釋中國文化的一般禮節，並不能完全滿足孩子的需要。你可以簡略解釋東、西方文化的差異，例如中國人不允許他人，包括普通朋友，親吻自己的臉兒，但西方人則常用親吻來和朋友打招呼等。

禮貌與不禮貌

你可以進一步教導孩子分辨禮貌和不禮貌的接觸。例如用暴力或強迫的方式，接觸他人的私隱地方便是不禮貌，甚至會惹人討厭等，同時，可以教導孩子遭到不禮貌接觸時應有的反應，例如高聲呼叫，以及告訴給你知。

禁句例子：「男女授授不親呀，記住唔可以立亂錫其他女仔，唔係差人拉架！」

嚴格來說，這句並不是禁語，不過單是這樣說還未足夠而已。

鼓勵孩子金句
101
和孩子這樣說話便對了

61 禁止女兒拍拖……

建議金句：「你可以識男仔，如果你覺得同對方好夾，要拍拖我都唔會阻止，因為我相信你有能力處理自己嘅感情問題，但係你要好好分配時間，俾自己足夠嘅時間溫書。」

不可扭曲觀念

現代孩子趨向早熟，在高小階段已開始拍拖亦不足為奇，因此，盡早灌輸正確的男女觀念，更有正面的效果。從上述報道證明，錯誤的觀念只會誤了孩子一生。

開明大方

談論男女關係時，態度該開明大方，這樣孩子才願意和你傾談，若你一聽見這話題便顧左右而言他，孩子也不會主動透露他的心事，待「生米煮成熟飯」，便太遲了。

禁句例子：「男仔個個係色狼，成日呃女仔㗎。你記住俾心機讀書就得，唔好拍拖呀。」

灌輸錯誤觀念

從雜誌讀到一則報道：媽媽為免女兒拍拖分心，剪下關於強姦、非禮的新聞給女兒看，並說男仔個個是色狼，叫女兒專心讀書。先別論恐嚇效果如何，大人故意灌輸錯誤的男女觀念，只會害了孩子。

影響深遠

這媽媽的恐嚇非常有效，學業方面，女兒在英國取得碩士學位，事業亦取得驕人成就，然而，做媽媽的最終後悔了，因為女兒人到中年，連一次拍拖經驗也沒有。最後媽媽痛哭誤了自己女兒的青春。

62 孩子問BB從哪兒來時……

建議金句：「BB係媽媽嘅肚裡面，經過產道生出嚟嘅。」

拿捏尺度

孩子年齡少一點的，答案可簡單一些，如「BB係媽媽個肚裡面生出嚟嘅。」說得太詳細，他們反而聽不明白。

年齡大一點的，可能會再問下去：「點樣樣生出嚟㗎？」這時，你可以答得詳細一點，但盡量避用醫學名詞。例如：「BB係媽媽個肚裡面一段時間，就會經過一個通道，呢個通道平時好細，但係要生BB果陣，就會變寬，可以俾BB出世。」

生命的喜悅

你解釋完後，可以轉移孩子的注意力，分享嬰兒誕生時的喜悅，讓孩子明白小生命的寶貴和意議。

禁句例子：「你仲細個，唔准問，大咗自然知道㗎喇。」

弄巧反拙

只要孩子問到關於性的問題，大人不知如何回答，就比發問的孩子更困擾，手忙腳亂，衝口而出就說「不知道！」、「不要問！」，孩子聽到以後，好奇心不但沒有被壓下來，更會想盡方法自己去找尋答案。

63 如何叫孩子幫忙？

建議金句：「幫我係工具箱拎嗰個過嚟吖，唔該晒你呀！」

優點剖析

做個有禮大人

大人要求孩子幫忙時，該說多謝的時候便說多謝，不可偷工減料，因為這是最基本的禮儀，不可免去。孩子在家學會了說多謝，並養成習慣之後，以後就算走到哪裡，都會給人一個有家教的好印象。

禁句例子：「幫我係工具箱拎嗰個過嚟吖。哎呀！唔係呢個呀，係另一個。唉呀，俾你激死，我自己拎。」

缺點透視

不注重禮儀

不重禮儀，老早是很普偏的社會現象，好像有人打錯了電話，連對不起也沒有說便「咔」一聲收線，連最基本的禮貌也做不到。

壞榜樣

既然請求孩子的幫忙，就算是大人比孩子年長，也得說一聲道謝，如果連大人都對孩子無禮，也不用期望孩子會從大人身上學到待人接物的應有禮儀。

64 和孩子坐地鐵 沒位坐時……

建議金句：「我都好劫，不過冇位，你就要同我一齊企下啦，好快到站㗎喇。」

優點剖析

切勿庇護過度

又在地下鐵見到這情況：婆婆拿著大袋細袋行裝，五、六歲的孫兒見到有座位空著，一個箭步搶前坐下，就不管站在旁邊的婆婆了。庇讓孩子過度，就會養成他自我中心，不顧旁人感受的性格。

孩子不脆弱

孩子精力充沛，大人實不用擔心會累壞孩子。其實乘共公交通工具時，大人該教導孩子不可爭先恐後，應該讓座給需要的人士，最好是叫孩子站著，讓他們學習什麼是禮讓。

禁句例子：「係你自己唔夠醒目，霸唔到位坐啫，你企多一陣啦！其他人又係嘅，見到你咁細個都唔肯讓位。」

缺點透視

缺乏公德

親眼目睹以下的情況：地鐵車廂內一家三口，媽媽抱著一個四五歲孩子，孩子吵著要坐，爸爸環顧周圍，發覺沒人打算讓位給他們一家，忍不住破口大罵，說旁人沒同情心，看著他那強勁臂彎，眾人不敢張聲。在公眾地方，不管是大人，還是孩子，大吵大鬧，都會妨礙到旁人，這是缺德的行為，毋容置疑。孩子在公眾場所任性大吵，便是大人立下壞榜樣之故。

過分保護

大人都會覺得自己的孩子還小，需要呵護備至，更認為旁人都應該和他一樣，忍讓他孩子，這想法不過是大人的任性罷了。

鼓勵孩子金句
101
和孩子講咗說話使得對了

65 幫孩子執拾玩具時……

建議金句：「呢架車爛成咁既？你自己做決定，睇下仲要唔要？」

非典型玩法

孩子是玩具專家，常創出一些你想也想不到的玩法，就算是爛玩具，只要他喜歡，爛車會變秘密基地、無頭公仔變科學怪人……想像力匪夷所思，破玩具，正是訓練孩子創造力的工具。

考慮和玩具的感情

當玩具破得危害孩子安全，非丟掉不可時，要顧及孩子的感受，不可不問自取，便把玩具掉入垃圾筒，一定要尊重他的意願，最好由他決定哪件玩具不要，哪件可保留。

禁句例子：「架模型車仔爛咗啦，我今朝幫你掉咗喇！」

感情創傷

你記得《玩具奇兵》的胡迪嗎？胡迪是牛仔公仔，他和主人的感情，好得少見一天也不行。其實，縱使孩子的玩具殘破不堪，孩子也對它有深厚感情，玩具在他不知情下掉了，是嚴重傷害了他的心靈。

見異思遷

下次買新玩具給孩子時，他為免重蹈傷心的覆轍，便不會再愛護自己的玩具，見新的便玩新的，結果是養成孩子見異思遷的習慣。

66 聽孩子說朋輩壞話時……

建議金句：「每個人都有優點同埋缺點㗎喎，你試下搵一搵明仔既優點俾我聽？」

優點
剖析
做好榜樣

大人的身教最為重要，你可以在生活之中，多欣賞身邊的事和人，例如：「雖然你寫錯咗字，但係我睇到你有俾心機去寫，我已經好滿意嘞。」孩子很快便可從你身上學會欣賞之道。

鼓勵發掘優點

孩子對朋輩作出批評，特別是提及你認識不深的人時，你不可隨便表示認同他的說話，相反，你要引導他從多方面觀察人的言行舉止，發掘他人的長處和優點，學習取長補短。

禁句例子：「聽你咁講，阿明仔真係好衰喎。」

缺點
透視
認同批評

聽見孩子說別人壞話，便要注意孩子平時是否也多多批評，事事埋怨。大人的附和可能是敷衍式的，未必真正認同他的評語，但聽在孩子耳裡，覺得凡事批評的態度得到認同，使一直在雞蛋裡挑骨頭，繼而影響他的人際關係。

過猶不及

大人管教孩子容易兩極化，即是說，一是寬鬆過度，處處遷就，養成孩子只會要求別人，不會反省自己的自我中心主義者；一是過度嚴荷，經常責備批評，孩子便依樣葫蘆，養成批評挑剔的性格。

67 孩子在商店不小心打爛東西時⋯⋯

建議金句：「我覺得好難為情，我諗你都有同樣感覺，咁我地下次要小心啲啦！」

優點
剖析

心同感受

和孩子有難同當，他會覺得你有「義氣」，亦知道你明白他難堪的感受，會提升對你的信任程度，關係也會親密起來。

負責任

同時，你要表現出負責任的態度，這是身教的好機會。但也千萬別把這事件的責任「攬」上身，這只會使孩子把自己該負的責任推給他人。

禁句例子：「最衰都係你！」

缺點
透視

推卸責任

旁人眼中，大人和孩子同行，便有責任看管孩子，孩子手多多弄壞人物件，自是原兇，但大人也責無旁貸，將所有責任推給孩子，做法並不平公平。

孩子反抗

孩子做錯事，早已忐忑不安，再被迫負上所有責任，更感委屈，便會找機會向大人報復。

68 呼喚沉默不語的孩子時……

建議金句:「做緊乜嘢呀?點解你頭先唔應我呀?係咪好緊要?如果你真的不能回答我,也可以簡單回應我一句:等等,我有事忙緊。」

優點剖析

忍耐第一

若非因要緊事而呼喚孩子,便應稍等你的怒氣消減,並待孩子有空時,才了解一下孩子在忙些什麼,以表示你的關心。

教他如何回應

你要解釋清楚為何要呼喚他,若孩子真的在忙要緊事,便教他要以簡短的回應作回答,因為這是基本禮貌,不單止對父母,對老師、對同學朋友都應如此。

禁句例子:「我叫咗你好多聲喇!你做乜唔應我?聾咗呀?」

缺點透視

辱罵孩子實屬不智

你這樣說,本來不是聾的,也會裝聾扮啞。這些語帶侮辱,涉及歧視成分的說話,即使叫得孩子回應,也只會是晦氣的回應。如果你的孩子屬於反叛一族,他不會因為你這句話而屈服,相反,更會向你報復。

打斷思路

其實,孩子不立即回應你的呼喚,一定有某些原因,你有嘗試了解嗎?孩子不像大人,能一心二用,甚至一心多用。當孩子集中精神時,他未必能即時分心回應你,如果你為此大發雷霆,只會把專注力高度集中的孩子,嚇得目定口呆。

告訴孩子死亡是生命的一部分

當珍妮的祖父意外死亡時，這個四歲小女孩的各種問題使處於悲傷中的父母難以回答：「為什麼人們把他埋起來？他是站在地下還是躺著？他穿什麼？」。珍妮的母親説：「我感到震驚。我沒有從這方面想問題。我的想法完全是情緒和精神方面的，但她卻問棺材和泥土的問題。」這並不是説孩子不想念失去的親人，只是，孩子對任何事情包括死亡，都使用具體和簡單的話語。

以下是幫助孩子面對死亡，同時教他們珍惜生命的幾個技巧：

1、處理好父母自己的感情

大多數父母要等到面對死亡才開始思考如何幫助孩子

理解這個概念。這可能不是最佳時間，特別是當父母
自己也面臨如何處理失去親人的痛苦的時候。比較好
的方式是，現在就開始，時不時地談論你對死亡的看
法，你自己的經歷。然後，你可以告訴孩子，你的寵
物死的時候，你的感覺，你自己的祖父死時，你的想
法。這會給他們這樣的感覺：死亡與損失是普遍的。
當然是這樣。

2、告訴孩子生命的周期

有很多機會可以告訴孩子，死亡是生命的一部分，但
大多數父母為了避免使孩子不愉快，都忽略了。專家
們都建議父母抓住這樣的機會。花園中玫瑰花的盛開
與凋謝，都是使孩子明白生命與死亡的機會，就如季
節的改變與家庭寵物的死亡一樣。拜訪年老的親戚和
朋友時，也可以向孩子解釋什麼是衰老，當然這不會
總是愉快的。如果給孩子訊息：死亡話題是可以談論
的，那麼他們就會自由地發問，將來在面對所愛的人
死亡時，會更好地處理。

3、讓孩子知道你的悲傷

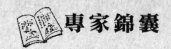

某個親密的人——祖父（母）、好朋友、或甚至是你的配偶——死了。父母的本能使你把孩子排除在你的痛苦之外。請不要這樣，否則你的孩子被迫在以後面對這個問題。29歲的朱迪在5歲時失去了父親，她說：「家中沒有人告訴我他的死亡。他們只是說，他走了。我自然要問，他什麼時候回來。我直到今天仍在問這個問題，這一直影響我的生活。」朱迪希望她的家人在他們悲痛時讓她知道，「我知道他們在保護我，但這在以後的很長時間沒起作用。」

讓孩子看到你的悲傷並不是件容易的事，但隱瞞不僅使他感到與你的隔離，還會無意識中傳遞給他這樣的資訊：某個人死亡時，哭泣或感到悲傷是不好的。這實際上與孩子應該知道的東西剛剛相反。你要做的是，給孩子希望：痛苦總會過去。你的責任是讓他們知道，痛苦是生命的一部分，它會消失。

那麼，應不應該帶孩子參加葬禮呢？想想我們舉行葬禮的目的——幫助整個家庭在其他所愛的人的支援下，接受死亡帶給我們的痛苦。孩子們應該參加葬禮，儘管不同的情況應該區別對待。

4、誠實

孩子們對死亡的問題常常叫人難以回答。你最好任何時候都直接和誠實地回答，並且只提供孩子們需要的資訊。如果他們想知道棺材和泥土，那麼就告訴他們。如果想知道，他們是不是也會死，你的答案完全應該誠實，雖然可以委婉一點，比如，可以說：那會是很久很久以後的事。孩子們最擔憂的是他們自身的安全。他們想知道，爸爸和媽媽是不是總在那裡。

告訴孩子，爸爸媽媽會很長時間都在他們身邊，但不管發生什麼事情，他們都會得到照顧。儘量避免一些陳詞濫調，如：祖母走了或祖父睡覺去了等。這些話只會使孩子產生更多的問題和更多的恐懼。

5、給孩子精神上的教導

你可以直接告訴孩子，生命有更高層次的意義。我們所愛的人去世了，但我們可以繼承他的好品質，我們自己身上的好品質也會存在於他們的記憶中。父母可以教育孩子，任何事物都是有原因的，包括死亡。讓孩子知道，他們自己是整個世界極小、但重要的一部

鼓勵孩子金句
101
和孩子這樣說話便對了

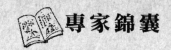

分，這有助於他們保持希望。精神可以幫助孩子認識
到，事情應該是這樣的，當他們結束時，仍給我們希
望：它沒有結束。

6、保持鮮活的記憶

不要禁止談論已去世的我們所愛的那些人，或避免提
起大家在一起的快樂時光。相反，應使大家保持對所
愛的人的鮮活記憶。製作一本孩子與祖父（母）在一
起時的影集，常常拿出來看；去餐館時，提起他們最
喜歡的食品或他們會點什麼菜。總之，常談起那些已
去世的親愛者，回憶他們的點點滴滴，好象他們還活
在我們中間。

7、更多資訊

家裡寵物的死亡，常常是孩子面對死亡的第一次經
歷。父母應該使這件事變得有價值和積極。談論死亡
以及你對死亡的看法。一起悲哀。應不應該帶孩子參
加葬禮？在悲傷的時候，帶孩子（即使是嬰兒）參加
葬禮，遠比把他們排除在外好。如果去世的是父母中
的一方，無論如何都應讓孩子參加葬禮。

花些時間告訴孩子，葬禮上會發生什麼，比如：「阿姨可能會大哭，我希望這不要嚇著你。」如果你感到，在這艱難的時刻，巨大的悲傷使得你無法幫助孩子，那麼，把這個工作委託給某個親戚或朋友。如果孩子自己不願意參加葬禮，也不要強迫，跟他討論，明白孩子的擔憂，絕不要逼迫他。

兒童期的性表現

性是人的兩大本能之一，性慾隨出生而來，並非始於青春期，只不過是不能用成人的性概念來理解罷了。

兩歲以前的嬰兒有把能拿到的任何東西或手指放入口中吸吮或咬、嚼的本能，這雖然與嬰兒吃的本能和通過口腔接觸來了解外部世界有關，但這同時也是一種性需要的表現，即嬰兒通過吸吮來達到性的滿足。可見，嬰兒吸吮母乳能達到食物和性慾兩方面的滿足。這種現象被生理學家稱為性慾的口慾期。

稍大些的幼兒，從能控制排便時起，其對慾望的滿足就從完全被動轉為部分主動。這時，幼兒對性的滿足

從口慾期轉為肛慾期，即通過排便和忍便來得到快感。

嬰幼兒時期孩子的行為幾乎完全由父母掌握，到了幼兒期，孩子便可能通過排便與否部分地支配父母的行為，從中得到「權力」欲望滿足。排尿的心理變化基本與排便相同。

到了四五歲，幼兒的性慾逐漸轉移到外生殖器。無論男孩還是女孩都能通過撫摸外生殖器而獲得性的滿足。但男女孩之間是有一些差別的。如男孩對其陰莖能夠勃起並能站著排尿產生一種自豪感、支配感，從中得到更大的滿足。而女孩對男孩的這種本領非常羨慕，常因沒有男孩的「那個東西」而感到自卑，從而形成了溫順服從的性格。有的女孩甚至模仿男孩站著排尿，從中得到一時的滿足感。

上面那些現象基本都是自戀的表現，自我滿足性慾。但到了六、七歲時，這種情景會發生改變，男孩會出現戀母情結，女孩會出現戀父情結，即將性慾物件從自身轉向其他人。

正確對待孩子的惡作劇

孩子做惡作劇，原因是多種多樣的。

兒童天性好奇，他常想探求一下當與成人的要求相違背時會有什麼結果；頑皮的孩子常常受到成人的批評，自尊心受到傷害，容易產生逆反心理，你要我這樣，我偏那樣；有的孩子平時被人忽視，或受了冷落，希望自己的行為引起成人的注意；在與成人、小夥伴遊戲中產生了不快情緒，利用惡作劇來發洩心中的不滿，從而達到心理上的平衡；幼兒生活經驗少，自控能力差，不會根據不同場合調節自己的行為；家長教養方式不當，一貫嬌寵，造成孩子不懂利自我約束，而為所欲為。

孩子做惡作劇令人生厭，有時甚至很惱人。然而，惡作劇不一定是壞行為，它在一定意義上是有些可取之處的，我們應該正確對待。

德國漢堡兒童心理學家托馬斯卡爾博士的觀察資料顯示，愛搞惡作劇的孩子富有創造性和想像力，日後成才的可能性較循規蹈矩的孩子更大。他解釋説：惡作

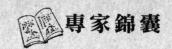

劇行為並非從天而降，要設計出一個有新奇感的方案來，需要動腦筋，而且動腦的強度相當高，這對孩子的智力發育無疑是一次催化。

同時，惡作劇可增強兒童的獨立性。因為此種行為的特點就是孩子以此來超越父母為其所規範的界限，而獨立性的形成恰恰需要這種超越。否則，依賴性難以隨年齡增長而減少。

卡爾博士還認為，惡作劇也可能是一種愛的表示。如一個剛滿四歲的小女孩在父親的鋼琴上撒上糕點屑，這並不是出於惡意，她更多的是要向父親表明：您瞧，我把我最喜歡的東西與您心愛的鋼琴放在一起。

總之，搞點惡作劇對孩子有好處，至少表明他開始動腦筋了。一個惡作劇行為的成功，無疑是孩子創造力的一次爆發，盲目地斥責甚至懲罰會扼殺孩子動腦的積極性，會妨礙孩子智力發展。正確之舉是順其自然，加以誘導，將其動腦的積極性引到有益的活動上去。

有助港孩
培養紀律

69 懷疑孩子中飽私囊時……

建議金句：「你咁樣做，我好嬲，但係，又好擔心，因為我唔知你收埋咗嘅錢，用咗去邊。」

孩子尊嚴

發現孩子存在貪念，首先要杜絕任何引誘；此外，只要你覺得孩子還會顧存一點尊嚴，可以這樣說：「如果你等錢用，可以話我知，合理的話，我會幫你，但係如果你唔改過，我會當你壞人咁看待，呢種滋味我相信唔會好受。」

改過機會

最重要，還是給予孩子改過自新的機會，絕不可從此放棄他。「知恥近乎勇」，作為父母，要給勇氣孩子改過。

禁句例子：「買嘢找番嚟嘅錢去咗邊？係咪你收埋左？我打死你！學人呃錢。」

氣憤難平

孩子會因一時貪念而想出無數詭計，好像本篇例子，便扣起找回來的零錢。責問他時，他可能推說在街上跌了，或是找錯錢之類，大人知道真相後，當然會感到氣憤，但是，若情緒失控的話，孩子的恐懼，會蓋過羞恥之心，而忘記反省自己的錯誤。

訴諸暴力

不管任何問題，也不該訴諸暴力，語言暴力好，真的「藤條炆豬肉」也好，都不能解決問題，相反，孩子報復的心理會愈來會強烈，性情也容易變得暴戾。

鼓勵孩子金句
101
和孩子這樣說話便對了

70 對孩子「日哦夜哦」時……

建議金句：「我諗你都知邊度做得唔夠好㗎啦，今次係最後一次，記住喇！」

優點
剖析

別提舊事

你真的提醒了孩子不下數十次，所以你對鬧過他的話，印象深刻，但是，多數孩子老早忘得一乾二淨，你再舊事重提，沒多大意義，孩子只會覺煩。

淺白指令

責備孩子的説話忌長，忌深奧。在該罵孩子時，即時把要指正的地方，用最淺白、直接、易明的話説清楚，只要你真的做到這點，説一次已夠。最後在責罵完好，馬上嘗試轉換孩子的情緒，和他説些快樂的事，效果更好。

禁句例子：「你要我鬧幾多次先肯聽我講？我一早講咗俾你聽㗎啦！你真係有聽我講，點解又做錯吖？」

缺點
透視

大人變長氣袋的元兇

大人責罵孩子，總要重複重複又重複的説同一句話，孩子又總要一而再、再而三的犯錯，結果又惹來大人的責罵，周而復始，大人説得心煩，孩子聽得氣躁。

再加開場白

孩子老早聽得不耐煩，大人更加上深情的開場白：「我唔係鬧你，只不過係想提點一下……」但結果還不是一樣，孩子恐怕又把大人的話由左耳送入，右耳送出。

Chapter 5
有助港孩培養紀律

71 孩子表現頑固時⋯⋯

建議金句：「唔可以嘅事係唔可以！唔駛再講落去。」

優點
剖析
斷言拒絕

你可能覺得奇怪，作為一個具民主作風的大人，為什麼可以這樣說話呢？因為在無法說明原因的情形下，堅決地拒絕孩子的要求，孩子才願意接受事實，再不會糾纏下去。

沒有道理的現實

現實總有很多沒有理由的事情發生，孩子在家中任何事都如願以償的話，將來遇到這個現實，便不懂如何面對了，所以，大人偶然也要扮演一下不講道理的「壞人」角色。

禁句例子：「我一早講咗唔得㗎啦！我講咗好多次，我最憎你咁唔聽話！」

缺點
透視
有口難言

在拒絕孩子提出某些要求時，最好當然是說清楚不能答應的理由，但現實是大人往往也會有難言之隱，無法向孩子充分解釋原因。

囉囉嗦嗦

遇到這種情況，孩子會覺得不到合理解釋，必定追問到底，這時候，大人囉囉嗦嗦的回應，或是老羞成怒破口大罵，都會引起孩子反感，向大人報復。

鼓勵孩子金句
101
和孩子講樣說話便財！

72 一邊執拾孩子房間一邊埋怨時……

禁句例子：「我唔係你工人！你每次都將校服亂咁放，等我幫你執。係咪想做死我為止……」

僵持不下

聽見大人囉囉嗦嗦，孩子因反感而產生報復心理，故意和大人作對，這樣下去，局面會僵持不下，問題得不到解決，兩代關係只會愈變愈壞。

調整策略

如果「囉嗦」這招行不通，大人就要改變策略。策略可分為二，策略一的目的是緩和兩代之間的關係，策略二目的，是訓練孩子的責任感。

策略一：「請你以後自己執拾房間。」

緩和關係

「請求」孩子自己執拾房間，停用命令式或囉嗦式的方法，這樣，可減少和孩子衝突的機會，只是，如果孩子「意見接受，態度照舊」，就要採用策略二。

策略二：「你可以有兩個選擇，第一，自己執房，第二，由我執房，不過，要徵收服務費，因為執房係你自己既責任，如果你將責任推俾我，每次由我執拾，就要扣零用錢十元。」

付出代價

從零用錢中扣除「服務費」，這策略不會立竿見影，不過，當到了孩子「出糧」的日子，便知道不負責任的嚴重性，慢慢地，他會開始培養出責任感。

73 接到老師投訴時……

建議金句:「如果你覺得你冇錯,咁你要將事情如末講出嚟,話俾我聽點解你要咁做?等我試下站係你立場嚟諗。」

申辯機會

給孩子重組案情的機會,並盡力協助表達力不好的孩子說出細節。因為老師處罰孩子,可能是孩子沒把事情始末交代清楚所致;此外,孩子判斷能力有限,未必懂得是非黑白,真的會以為自己做法根本沒問題,反而覺得不講道理的是你,所以,大人別太早下判斷,聽罷孩子的申辯,再解釋他犯了什麼過錯,讓他真心折服。

同一陣線

你給孩子足夠時間自辯,讓他知道你和他站在同一陣線,隨時隨地都準備支持他,你們的關係便不會這麼容易破裂。

禁句例子:「係你唔啱,唔准駁咀!即刻同我收聲!」

難為正邪定分界

聽見老師說孩子的不是,大人通常第一個反應是斥責孩子。在大人立場,孩子做錯,便要把孩子教好,但好些時候,轉一轉角度看,會發覺孩子並沒有犯什麼過錯。

敵對邊緣

孩子可能已被老師訓斥過,或者已然受了適當的處分,心裡知錯,希望會得到大人了解,不料大人總是不放過孩子,重覆的訓斥處罰,孩子的期望破滅,並不覺得大人愛他,大人和孩子便再處於敵對邊緣。

鼓勵孩子金句
101
和孩子講得像說話便對了

74 孩子爭玩具時……

建議金句：「細佬佢想玩㗎，你願唔願意借俾佢玩一陣呀？點樣我都尊重你嘅決定。」

優點剖析

尊重決定

教導孩子與人分享，是很好的主意，但必須要有技巧。你要問准孩子才可以，孩子的擁有權得到尊重，他也學會如何尊重其他人的財物；孩子不願意，也該尊重他的意向，勉強不得。

完璧歸趙

必須保證孩子借出之物完好無缺地歸還，若有損壞，便要盡力修補或是作出補償，以培養孩子的責任心。

禁句例子：「架車仔送俾細佬啦！你做大嘅，要讓細嘛！」

缺點透視

擁有權

為了保護自己擁有的物件，就算是孩子都會作出反抗，這是天性使然。不少大人都認為，孩子的東西都是他出錢買的，所以大人可以任意使用，甚至隨意轉送他人，這觀念是錯誤的。孩子的擁有權，應該受到尊重。

恃惡橫行

如果孩子不服從安排，大人以權威的姿態，強硬地把他手上東西取走的話，孩子會有樣學樣，看中其他孩子的玩具，便硬搶過來，因為大人教曉他只要夠惡，就可霸佔他人之物。

75 給孩子看見
大人犯錯時……

建議金句：「我都做得不對，不如我地一齊改吖。」

優點剖析

以身作則

不論在任何時候，你都是孩子的明鏡，孩子會模仿你的作所作為，在你責罵孩子的同時，很可能也在責罵自己，因此，你也要不時反省自己，不准孩子做的事，自己也要跟著孩子不做，這樣，你和孩子可以一起成長、一起進步。

禁句例子：「大人唔同細路哥，我而家講緊你，總之細路哥就唔可以咁！」

缺點透視

青出於藍

孩子模仿能力甚強，特別在壞的方面，即是説，孩子在模仿大人的不良習慣時，不但格外快，而且更有青出於藍之勢。

負面教育

大人在禁止孩子做壞事時，首先要自問，自己是否也在做這種壞事呢？自己在做這些壞事時，反遭孩子捉過正著，又是否老羞成怒，用大人和小孩不同的論調來反駁呢？不管大人的理由是否成立，孩子絕不會心服口服，對大人的話也再不會信服。

鼓勵孩子金句
101
和孩子這樣說話便對了

76 孩子發脾氣時……

建議金句：「下次你想發脾氣嗰陣，不如將你嘅心情寫落嚟吖，寫到你唔想發脾氣為止。」

優點剖析

別做黃大仙

孩子發脾氣的原因有很多，例如讀書厭力、引人注意、表示不滿等等，在你找尋原因時，不可為求息事寧人，對孩子不合理要求有求必應。

教導抒發方法

你找出孩子發脾氣原因後，要表示認同他的問題，爭取他的信任，鼓勵孩子告訴心事給你聽。如果孩子不想說出口，可教他寫在紙上，直至心情平服，把紙撕掉，這是不錯的發洩方式。

禁句例子：「你為乜嘢事發脾氣？講啦講啦！你唔講我打你㗎！」

缺點透視

以暴易暴

常發脾氣的孩子會令大人感到煩燥不安，為求收即時之效，大人會用暴力恐嚇孩子收聲，以暴易暴的後果是，孩子脾氣變得更大，情緒更不安定。

急於追問

好些時候，大人又急不待地追問孩子為何發脾氣，孩子愈不回應，大人愈加追問，孩子就更不耐煩，脾氣更加大。

77 和其他孩子比較時……

建議金句：「你同我講過話自己溫書唔依賴我㗎喎，唔好唔記得呀。」

因材施教

十隻手指有長短，常和其他人比較的孩子，容易產生自卑感，因此，你不可在孩子面前把他和其他人比較，兄弟姐妹同樣不可以比較。你要因應每個孩子的特點來設定教育方法。

不同的讚和罵

就每個孩子的性格和才能，讚美的方法和罵法該有所調節，例如膽怯的，該鼓勵他做事主動一些；相反，做事魯莽的，該多給他約束。

禁句例子：「你睇阿小明幾乖，做乜都識得自動自覺，邊似得你叫一叫先郁一郁。」

莫須有

「你睇下陳師奶個仔叻你幾多……」這可是責罵孩子的莫須有罪名，因為人總有長處短處，和人家相比，總有不及人家的地方，因被比較而受責的孩子，最值得人同情。

欲辯無從

這樣的責罵理由，近乎無懈可擊，孩子想根本沒有反駁的餘地，只會氣餒。如果比較的是兩兄弟，情況更壞，經常在比較中輸掉的一方，沒法在家中抬頭做人，淪為二等人民。

78 孩子不想聽你說話時……

建議金句：「俾人鬧當然唔開心啦！不過咁係無補於事，你要做嘅係好好反省，到此為止，你以後要好好咁做喇！」

優點
剖析
盡量少罵

孩子該罵時就該罵，但當你見到孩子表現不專心時，你也該明白這是自然反應，不該為此而大發雷霆。罵責的秘訣是：長話短說。訓話一開始該馬上到題，將理由說得清楚，提醒孩子以後不可再犯便行。

再三犯錯怎辦

就算孩子再三犯錯，也該控制自己情緒，不可向孩子怒吼，只要在用辭上更嚴厲便是。由於訓話的次數少，時間也不長，孩子就不會因聽得麻木而發呆了。

禁句例子：「你究竟有冇聽緊我講嘢㗎？」

缺點
透視
老生常談

當孩子被大人責罵，表現得不集中精神，眼神沒有焦點時，大人必然怒火中燒，但只要大人想深一層，孩子這種身處太虛幻境的反應，是大人的訓話已教孩子聽膩之故。

莫名其妙

好些時候，大人也預測到孩子會聽得發呆，但還是要找他來罵幾句，發洩心頭怒氣，可是，孩子往往沒法弄清楚大人的用意，反而會更加討厭大人的訓話。

79 孩子在公眾場所扭計買玩具，大喊大鬧時……

建議金句：「(平靜、肯定的語氣)唔駛多講喇，我哋走喇！」

 優點剖析

不讓孩子死纏爛打

拒絕孩子提出的不合理求時，你必須用心平氣和、肯定的語氣拒絕，然後馬上離開案發現場，重點是不給孩子任何機會「發爛渣」，就算孩子哭得死去活來，亦要盡力保持冷靜，並堅持自己的立場。

避免捲入權力鬥爭旋渦

用武力控製局面，或許孩子會即時收聲，但他心裡已然明白，你無力控制這種局面，才迫不得已用這撒手鐧，因此，以後他會用類似手法，再挑戰你的權威。保持心平氣和，避免在現場和孩子對峙，才是上策。

禁句例子：「你大聲喊都冇用，話咗唔買就唔買，番到屋企你就知死。」

缺點透視

催淚禁語

一喊二鬧博同情，是孩子爭取話事權常用的手段之一，有時候，孩子哭哭鬧鬧是要大人感到羞恥而賣他怕，答應他要求，不管如何，以武力鎮壓殘局，孩子可能會哭得更厲害，而且，也防止不了類似情況再度發生。

80 孩子在超市不肯走時……

建議金句：「如果你倦到唔想走，休息一陣再行吖，好唔好？」

找出原因

避免和孩子發生正面衝突，面對孩子不合理要求時，你首先要弄清楚孩子的意圖，以本篇為例，孩子是由於疲累，還是為了撒嬌而不肯走呢？孩子真的累了，可以讓他休息一會再走，若是因為撒嬌，不該斷然拒絕，而是要耐心地解釋，盡力以理說服他。

禁句例子：「你走唔走？唔走我走！」

孩子不敗

相信你也經常見到這情況，或者已親身領教過：孩子雙腳突然間像生了樹根一樣，推不動，拉不走，你無可奈何，打算用自己的離開威脅孩子聽你揮指，可惜，最後奪得話事權的會是孩子，因為你不放心孩子獨留原地，唯有折返回來，向孩子屈服。

歷史重演

孩子經常用不尋常的手法為自己爭取權利，如果把孩子和自己迫向敵對關係，大人打敗仗，孩子會舊調重彈；相反，孩子戰敗，便等待報復的機會，歷史將無休止地延續下去。

81 孩子不做家務時……

建議金句：「你自己嘅事，自己負責。」

問責制

壞習慣已成，要改變並非易事。方法之一，是他的事由他自己負責，你要立下決心，不再幫他執拾衣衫、書本等物件，當他因自己的失責而嚐到苦果，例如扣零用錢，當他遭到處分，便得到教訓。讓他承受自己不負責任所帶來的後果，可以增強他的責任感。

禁句例子：「你成條死蛇懶蟮，從來都唔識幫我手做家務！」

責備無用

孩子在家做完功課後，不是打機，便是看電視，總不肯幫手做家務，大人不停責備他，結果他把大人的說話當耳邊風，因為他覺得做家務是大人，或是傭人的責任，可不關他的事。

缺乏責任感

這種不負責任的表現，成因可能和大人以前的做法有關。回想一下，有否為了令他專心做功課，而叫他不要做家務呢？如果有，孩子不做家務，是大人賜給他的特權；再想回從前，他是否做家務闖禍後，給大人痛罵了一頓呢？如果是，少做少錯，不做不錯的觀念，是他不願做家務的原因。

82 小朋友弄壞了電視機時……

建議金句:「我知道你呢次係冇心之失,我會願諒你,但你要為呢件事負起責任,你要向爸爸交代呢件事係點樣發生。」

學習寬恕

責罵闖了禍的孩子,不是為了發洩你的怒氣,而是給予孩子一個教訓,令他經一事,長一智,然而,寬恕他比責怪他的錯過更重要,給他機會改過,孩子才肯承認過錯,勇於改過。

禁句例子:「今晚我就話俾你老豆聽,等佢慢慢炮製你!」

不能靜心悔過

孩子聽見大人的恐嚇後,原本心存的悔意,必定轉化成恐懼,陷入惶惶不可終日的白色恐怖之中,心裡不斷盤算爸爸回家後,會給自己什麼懲罰,又要早作準備,希望可以捱過爸爸這難關,本該反省悔過的心情,已不復再。

降低自己權威

大人這種類似告密的行為,把管教孩子的責任,轉移給了爸爸,不僅不負責任,更自貶了自己的權威,以後,他只會在爸爸面前做好孩子,其他人的說話,已不再有份量。

欺善怕惡

把孩子推給較「惡」的一方管教,會養成孩子欺善怕惡的性格,他在比較善良的一方前面,便變得更加肆無忌憚。

Chapter 5
有助港孩培養紀律

83 因音響太大聲而和孩子爭吵時……

建議金句：「你聽歌太大聲，我覺得好煩，因為我想靜靜地做下嘢。」

優點剖析

態度要友善

平靜地說出你的感受，不給他發難的機會，然後友善地說出你的建議，例如「唔該你盡量用耳筒」、「我唔係屋企時先扭大聲少少，但唔可以影響到鄰居」等等，讓他知道你的底線在哪裡。

言出必行

如果孩子愛聽音樂，偏不愛聽你的聽音，就平靜地告訴他：「原本音響係用嚟提高生活質素，但係你用既方法就妨礙到他人，你再唔改，就表示你未有資格用音響，我會拎走你部音響。」到此地步，你必須言出必行，所以，在說出這話之前，要想清楚孩子和你的關係，是否差到這程度。

禁句例子：「你再扭到個喇叭咁大聲，我就掉爛佢！」

缺點透視

反叛心理

如果你為了聲浪問題和孩子理論和爭執過不知多少次，可能你心裡已覺得他是故意和你作對，他在挑戰你的權威，你再說出恐嚇他的話，只會進一步激發他的反叛情緒，伺機反擊。

公開宣戰

如果他的舉動出於反叛，你激烈的責罵，就正中他下懷，因他可以公然作戰，和你大唱反調，這情況對你最為不利。

鼓勵孩子金句
101
和孩子這樣說話便對了

84 拒絕孩子要求看電視時……

建議金句：「我明白你追看卡通片嘅心情，咁啦！我俾機會你，自己安排做功課同睇電視嘅時間，但係你做唔到嘅話，就要由我嚟按排時間嚟喇。」

優點剖析

嘗試民主作風

民主作風，並不表示可以任由孩子為所欲為。民主，是給他自己作主的權利，重點有二。

時間管理。你要提醒他，做功課是他的責任，所以，你要他分配做功課和看電視的時間；

遵守承諾。當他違反諾言，只看電視不做功課的話，你要告訴他，因為他沒有遵守承諾，所以由你安排他看電視的時間，這樣做的目的，是叫他明白，他要為自己所作的決定負責任，藉此提高他的責任感。

禁句例子：「你唔知知呀？你係最聽話嘅，我話唔得就唔得嚟喇。」

缺點透視

孩子不笨

你用這讚美的說話來拒絕孩子，他不一定上當，因為他會想到，如果聽你的說話，他看電視的願望便肯定不會實現了。

引來孩子反擊

當你一口拒絕，孩子會用其他方法來達成他的目的，最常用的一招，便是在家裡搞破壞，直至你賣他怕，開電視來限制他的活動範圍為止，就算你能堅持到底，不開電視，孩子也會繼續破壞，向你報復。

Chapter 5
有助港孩培養紀律

85 和老人家出現歧見時……

建議金句：「你之前同我講好咗㗎喇，你唔可以咁做，就算爺爺俾，你都唔可以咁做，唔得就係唔得。」

防止孩子反擊

孩子其實很聰明的，明白到在爺爺面前可以做一些平時不容許的事情以後，會將這經驗記在心裡，待你發覺他再犯時，爺爺便成了他的擋箭牌。所以，你定下的規矩，不管遇到了什麼人的阻撓，都不應輕易讓步，以免為孩子製造藉口。

貫持教育理念

日常生活中也要讓孩子知道，你的教育理念堅如磐石，不會為爺爺公公的寵愛而動搖，做到這樣的話，孩子在老人家面前，便也不敢故作妄為了。

禁句例子：「你爺爺咁樣講，冇辦法啦。今次就咁算啦。」

家有一老

家裡的公公、婆婆、爺爺、奶奶，他們教育子女的經驗都非常豐富，大人可以向他們請教的事多的是，不過，他們寵愛孩子的程度，卻又不得不教人頭痛。

反覆不定

同一件事，在爸媽面前做會慘被「修理」，但在爺爺奶奶面前做卻又無人理會，一曝十寒，這種前後矛盾、反覆不定的教育方針，會令孩子感到困擾，教育效果便大打折扣。

86 向孩子讓步時……

建議金句：「唔得就唔得！唔駛多講嘞，你應承咗就要有信用㗎。」

優點剖析

不可讓步

絕不可讓「下不為例」的情形出現第一次，只你要堅持自己的原則，讓孩子明白到信用的重要性，那麼，孩子一定會學到堅持到底的意志。如果孩子養成半途而廢的習慣，你的讓步，是主要原因。

禁句例子：「怕咗你喇！唔好再煩我，今次算係怕咗你，就咁算啦！記住，下不為例呀！」

缺點透視

一時心軟

這種情況相信大人經常面對：明天是假期，孩子想看多一會電視節目，不想遵守十點半前上床的規定，大人第一個反應當然是反對，但孩子苦苦哀求，大人心煩兼心軟，便放過孩子一馬，自己也落得輕鬆。

停不住的惑誘

可是，這一次的破例，卻是孩子抵擋不了的甜頭，他以後必定會不停哀求，直止達到目的為止；而且，反效果更會擴散到學習方面上，他會用同樣的手段，用各式各樣的理由，要求放棄學到一半便失去興趣的東西。就是這個「只此一次，下不為例」的咒語，養成孩子半途而廢的習慣。

87 孩子説不想繼續學琴時……

建議金句：「幫你搞報名嗰陣，我花咗唔少時間同心機㗎。你而家學左一半又話唔學，我幾難過㗎，希望你再考慮清楚，再決定啦！」

先軟後硬

盡量説服孩子回心轉意，一般情況下，孩子想清楚了，都願意繼續下去。但孩子堅持不學，就代表了他真的討厭這活動，再強迫他也是浪費時間。

強調責任感

為免孩子養成半途而廢的不負責任行為，你可以這樣説：

「咁我尊重你意見啦。不過，雖然係興趣班，但係你報咗名，上堂就係你嘅責任嘛，你而家半途而廢，就要負擔番餘下堂數嘅學費，我會喺你零用錢扣㗎喇。」

相信孩子以後報讀興趣班時，都會認真地完成整個課程。

禁句例子：「上咗幾堂你就話唔學？報名費好貴㗎！算喇算喇！你不嬲都鍾意半途而廢，你想點就點。」

進退兩難

這是個兩難局面，大人不加干涉，孩子以後便會用不同理由如「我冇天份」、「學唔識」、「唔好玩」等藉口，放棄已完成了一半的興趣班，亦助長半途而廢的惡習。你改用強硬手段，孩子又覺反感，同樣無心學習，甚至作出報復行為。

鼓勵孩子金句
101
和孩子這樣說話便對了

88 孩子食飯慢吞吞時……

建議金句：「我俾你45分鐘食飯，你食唔晒，我都會執枱㗎喇！」

優點
剖析

控制情緒

大人焦急時，孩子會像受到感應一般，情緒也會變得不穩定，甚至哭起來，因此，對付吃飯過慢的孩子，便先控制自己情緒，盡量放鬆自己，用平靜的語氣叫孩子吃飯。

硬起心腸

飯前和孩子定下協議，要在多少時間內吃完一餐飯，時間一到，不要管孩子吃完沒有，不要管孩子的投訴，馬上收起飯餸。孩子捱了幾次餓，明白到要為自己的慢動作負責任之後，吃飯的速度便會回復正常。

禁句例子：「你食飯都咁慢吞吞，出去點同人爭食呀！扒飯扒快啲啦！」

缺點
透視

愈催愈慢

和用慢動作吃飯的孩子糾纏，是場痛苦而漫長的拉鋸戰，大人愈催迫得急，他動作愈是緩慢，直至大人發脾氣，他哭哭啼啼，戰爭才會告一段落，究其原因，這與大人的情緒有關。

89 禁止孩子
光顧無牌熟食小販時……

建議金句：「你喺街邊食嘢，令到我好擔心，因為小販嘅食物唔衞生，而且你食咁多零食，又會影響你正餐嘅食欲。所以，我希望你唔好再食街邊嘢喇。」

優點剖析

軟功
動之以情，説之以理，希望你的説話可以説服孩子，再啟發他的責任感，而自動自覺停止買街邊小食吃。

硬功
如果孩子「不好彩」，給你知道他還有幫襯小販的話，你可以用硬功，説：「零用錢唔係俾你買魚蛋食，你再俾我發現你食魚蛋，唔駛旨意我俾零用錢你。」孩子既然給你捉過正著，又怕經濟封鎖，自然比你第一次所説的話更有份量，更有效。

禁句例子：「你再唔聽話，仲喺街邊買魚蛋食，我就扭甩你耳仔！」

缺點透視

發脾氣
大人用發脾氣來阻嚇孩子的效用其實不大。聰明的孩子不會和大人硬碰，唯唯諾諾；自尊心強的孩子，會加以否認，甚至大發脾氣。

監管困難
因為孩子都知道，當場給大人人贓並獲的機會微乎其微，所以，大人發出禁制令，孩子為求息事寧人，便口頭應承，心中卻早已另有打算。哪個孩子不愛吃零食，他會瞞著大人吃街邊魚蛋，大人要落實監管，也實在太困難。

90 孩子討厭清潔時⋯⋯

建議金句:「你唔沖涼,本來係你自己嘅事,但係我哋就要忍受你嘅臭味,對我地唔公平喎。而且,而家流行病咁嚴重,你個人唔衛生,係會影響到其他家人嘅健康架。」

優點剖析

小心態度

勸說孩子時的態度必須保持友善,讓他明白,你關心的是個人衛生和公德的問題,並非針對他個人本身,更沒有厭他的意思。

隔離

如果孩子不肯乖乖就範,便要採取「非典型」措施,跟孩子說:「你太唔衛生喇,所以我地要同你保持距離,我哋唔會同你一齊食飯,都唔鍾意你立亂掂我哋嘅嘢,除非你肯沖涼啦,你會點揀?」

重申一點,你的態度不可令他覺得你在排擠他。

禁句例子:「沖涼沖涼沖涼!咁污糟,好討厭呀!」

缺點透視

對人不對事

一場「沙士」,令大人更關心孩子的個人衛生問題,經常洗手,「一比九十九」,老早是指定動作,電視宣傳短片,效用奇大,大人也不必為孩子多廢唇舌。但洗澡問題,還是不易解決,尤其在冬天,孩子更不願捱凍,可是,在催促孩子洗澡時,不要說出有人身攻擊意味的說話,這會引起反感,更難說服孩子進入浴室。

排擠孩子

大人隨便一句討厭,孩子只會覺得被排擠,而不會聯想到大人的意思是污糟討人厭,所以,討厭這字眼絕不可輕易說出口。

Chapter 5
有助港孩培養紀律

91 孩子偏胖時……

建議金句：「保證你食量適中，是我的責任，你太過肥，身體唔好，我會好擔心㗎。」

優點剖析
表達自己的擔憂
清楚說明自己的感受，嚴格控制他的食量，是因為你擔心孩子的健康，而不是討厭他外表，或是他做錯了什麼而加在他身上的懲罰，此外，你更需要表現你的愛心和體貼，讓孩子感覺得到你的支持。

說明原因
禁止孩子進食某類食物時，清楚說明原因，例如雪糕沒有營養價值又容易致肥、蔬菜可以多吃等，正確灌輸正確的飲食之道，消除他因節食而引致的不安。

禁句例子：「肥死你呀！以後唔准食雪糕！」

缺點透視
產生自卑心理
拿孩子的相貌和身體缺陷冷嘲熱諷，或斥責，都會嚴重傷害孩子的自尊心，孩子會以為自己醜樣難看，低人一等，所以惹你討厭，從此，他會懷疑自己的能力及價值。

孩子無辜
或許你也聽人說過：「問題孩子都是問題食物的產物。」好些孩子偏胖，是因為父母沒有好好節制孩子的食量所致；相反，你的孩子「FIT到漏油」，恰恰也是你的功勞。

92 孩子食相驚人時⋯⋯

建議金句：「你食飯再係咁唔斯文，就唔好再食飯喇。」

優點剖析

不可食言

這句話的意思是：這是選擇題，你有權選擇食相斯文，亦有權選擇不斯文，但要付出代價，最後決定權，還在孩子本身。但你必須言出必行，他食飯時再是「天一半、地一半」，便馬上收去飯餸。

不可心腸軟

孩子沒飯吃，你必定於心不忍，但不可心軟，否則不但前功盡廢，孩子更會變本加厲。這方法有兩點要注意，一、不可讓孩子在正餐以外時間吃零食；二、對孩子態度要保持友善，表明你這樣做是針對他食相，不是他本人。

禁句例子：「你食飯唔好食到通地都係！你大個㗎喇，你食飯唔該斯文些少！」

缺點透視

明知故犯

還在讀幼稚園的孩子，食相總是「嚇人」的，不是什麼大問題，可是孩子升上小學後，吃飯還是如此狼狼，便值得深究。如果孩子已就讀小學三年班或以上，相信他已有能力可以食得斯文一點，而且，他亦知道自己應該食得斯文一點，換言之，他的食相如此不堪入目，是明知故犯，故意與大人作對。

沒有阻嚇力

孩子存心和大人作對的話，大人愈鬧，孩子便愈不聽話，以示自己不會向大人屈服，這時候，便要採用非常手段。

93 孩子為看電視不肯上床時……

建議金句：「而家係大人時間，不過合兒童觀看，而且你亦都到咗休息時間喇。馬上上床瞓覺。」

優點剖析

劃清界線

大人的電視節目和兒童節目應該嚴格劃分，晚上電視播放不適合兒童觀看的電視節目時，必須命令孩子上床睡覺，絕不可讓步。孩子不喜歡你隨意闖進他們的歡樂天地，相反，你也不該讓孩子隨意進入大人的世界，以保護他們的赤子之心。

生活規律

孩子生活規律，對學業也有幫助。睡眠不足的孩子，整天都會精神散渙，難以專心學習。所以，如果孩子已然開始夜睡，該即時糾正，不可姑息。

禁句例子：「你又要睇電視呀，我唔理你喇，你聽日起唔到身，係你自己嘅事。」

缺點透視

搞亂作息時間

現在的孩子多有夜睡的習慣，每晚忙著打機、看電視、上網，總是不肯準時睡覺，再加上大人愛理不理的態度，孩子作息的規律便會給全完搞亂。

兒童不宜

夜晚的電視節目多是為迎合大人口味而製作，節目內容未必一定不良，但對孩子而言，好些情節總是似是而非，孩子看了，或甚至模仿，始終不是好事。

鼓勵孩子金句
101
和孩子這樣說話便對了

94 孩子吵著買東西時⋯⋯

建議金句：「再等一等先買啦。如果到時候你都仲想買，就買俾你啦。」

 優點剖析

培養忍耐

孩子的購買欲，好些時候是出於一時衝動，只要孩子等上一等，他的心意便會轉變，打消購買的念頭了。所以，當孩要吵著買東西時，叫他忍耐一下，一來可訓練他的忍耐力，二來亦可測試他是否非要購買不可。如果過了兩三個星期，孩子還吵著要買，便要認真和孩子適量一下了。

學會珍惜

聖誕節、新年、復活節等等，都是給孩子買禮物的好日子，在這些日子給他買前些時候吵著要的東西，別具意義，孩子更會珍而重之。

禁句例子：「小華同小明都有呢款筆盒，既然係咁，我都買個俾你啦！」

缺點透視

有求必應

現代的孩子幾乎是想要什麼，有什麼，大人覺得如不能滿足孩子要求，就像虧待了他們似的，事實是，得來太易之物，孩子並不會珍惜，也不會學懂忍耐。

人有我有

買什麼東西給孩子，該以實際的需要程度為標準，而不是以大家有沒有為標準，否則養成孩子「人有我有」的心態，他便會很容易給潮流牽著鼻子走。

隨便「拿」別人的東西怎麼辦

有的小孩子常常把幼稚園的玩具、祖母家的錢、鄰居家的東西等「拿」回自己家，父母為此大傷腦筋。事實上，對於幼兒，這種行為既談不上「偷」，也不是大人所理解的「拿」，這只是幼兒年齡階段一種特殊的心理反映。

一般這個階段的孩子心理發展水平較低，沒有「偷」的概念。往往是我喜歡什麼，就拿回去玩玩，很少考慮拿回去以後的行為結果。雖然老師和家長經常教育孩子「凡是不屬於自己的東西不能拿回家」，但對於小孩來講，還不能真正理解此話的含義，不可能將這種教育內化為自己的自覺行為。

所以，對於小孩拿別人東西，家長不應緊張，也不要理解為孩子出了什麼道德品質問題，應採用適當方

法，去矯正兒童的這種行為習慣，以免孩子將來出現道德品質問題。

1、教育兒童首先要了解兒童

家長應該懂得三四歲孩子的心理發育特點，然後，才能對症下藥。有些小孩拿別人東西是為了滿足自尊心。因為小孩極易喜歡在別人面前顯示自己，同樣看作是一種「英雄行為」，是「勇敢，有本事」的表現。而這種小孩將「拿」的東西給小朋友，以換取他們對自己的「友好」與「尊重」。

有的小孩則是由於父母感情危機或父母對事業、工作過於關注，而缺乏得到應有和家庭關注和父母的愛。所以，可能選擇這種行為來發泄其內心不滿，吸引別人對自己的關注。

2、「產權」意識的培養

家長要讓小孩從小就有「產權」的意識，明白並不是所有的東西都是自己的「私有財產」，逐漸去掉兒童自我中心的習慣。孩子在幼兒時期多以自我為中心，常將生活範圍內所見到的東西均視為自己的「私有財產」。當其他人動一動時，就會大叫「別動，這是我

的。」有的孩子甚至大哭大鬧。家長要有針對性地對孩子進行教育，告訴哪本書、哪個衣櫥、玩具等是孩子自己的，哪些東西是共用的，哪些東西是父母的或是別人的。

教育孩子凡是不屬於自己的東西，不經他人的同意，不得隨便拿；即使得到同意後拿了別人的東西，如果別人要用，也應還給別人；如果是自己的東西，別人想用，也應高高興興讓讓別人用；對於大家共用的東西，不能自己一個人霸著用，甚至據為己有。

3、採用合適的方法矯正孩子拿別人東西的行為

首先要注意運用適用於兒童心理發展水平的方法。對於有這種行為的兒童，切不可採用簡單、粗暴的辦法處理，這往往會使孩子產生抵觸情緒和逆反心理，甚至會強化這種錯誤行為。

這樣，孩子會對家長所提出的行為要求表現出一種消極的態度，使家長合理的道德行為規範要求無法讓孩子理解，也就無法轉化為孩子內的行為動機，還可能使孩子產生心理障礙，這對孩子的身心發展是極為不利的。

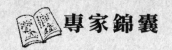

當孩子拿了別人的東西以後，父母可以與孩子進行「遊戲角色訓練」，就是家長與小孩輪流扮演「偷者」和「被偷者」，讓孩子真正體會自己的東西被別人「偷」了的感覺，以達到懲罰孩子、教育孩子的目的。也可採用「誘發內疚法」，這是用同情受害者的方法對孩子拿別人東西的行為進行的一種懲罰。他比一般意義上的懲罰更為有效，是一種比較科學的方法和策略。

如發現孩子拿了別人的玩具，當著孩子的面，家長可以說：某某孩子丟了玩具，為此他的媽媽狠狠將他懲罰一頓，幾天沒給他飯吃，沒讓他去幼稚園……通過這一方法，引導孩子對受害者產生同情和內疚心理，從而良心發現，並從內心深處發現自己的不對而主動改正錯誤，從而使家長達到矯正孩子不良行為的目的。

重視孩子的怪異行為

專家認為：行為問題是現代衛生工作的戰略重點。故而，對孩子的怪異行為不可掉以輕心。

常吮指或咬指甲。多發生在從出生到一歲半左右的嬰

兒。有時可咬破手指或指甲，引起感染致病。據精神學家弗洛伊德的分析，其原因是由於這階段嬰兒的性敏感區局限在嘴唇，除了吮吸乳頭可以得到溫馨暖流的刺激以外，平時吮指頭或咬指甲可以得到更多的快感。

此外，有的孩子要含著乳頭才入睡或抱著小枕頭才入睡都屬此範圍。這是一歲半以後性敏感區擴大到軀體表皮，產生的「皮膚饑餓症」。幼兒為滿足其生理欲望而尋找的「自樂、自慰」方式。綜上可知，一方面應按時哺乳並適時撫摸孩子的胸背給予必要的撫慰，另一方面轉移孩子的興趣，可撥弄其小手指或讓其抓玩輕巧衛生的玩具。

每到吃飯則大便。多見三至五歲的孩子，他們常因使人尷尬而遭到斥責。其實，這也是一種生理反應。人的結腸每當進食一次就會蠕動三次，將積存的糞便向下排空，直至擠出體外。由此可見，對孩子應進行訓練，在飯前就囑其排便，並讓其知道吃飯時大便是不禮貌的行為，養成良好的排便習慣。

疑病行為。多見青春期的孩子。這階段的孩子對性別、外貌等方面比較敏感，因為缺乏正確的知識又不便啓口問人，容易發生疑病行為。臨床門診時常有家

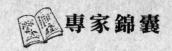

專家錦囊

長帶孩子來「查病」。例如：一位22歲的男青年無論天暖天寒都不肯去浴室洗澡，經個別詢問得知，原來他認為自己得了「縮陽」病，去公眾場合會引起別人的注意和譏笑。檢查完全正常，其遺精也屬「精滿自溢」的正常現象。醫生叮囑不要擅服壯陽補藥，告訴他大膽去浴室洗澡，誰也不會有異議。此外，還有潔癖、經常驚恐、煩惱不堪等神經官能症行為，均應進行心理治療。

驕橫或脆弱行為。多見嬌慣溺愛的獨生子女。這類孩子脾氣古怪，喜歡獨佔，不愛惜財富，獨立生活能力差，感情脆弱。曾有一個15歲獨生女中學生，因為參加區級數學比賽，只得第九名而想輕生，在家服藥身亡。其家長還埋怨老師不該告知比賽成績，事實上是孩子平日被「保護過度」，只能聽順耳話被表揚，不能經受挫折。這是家教不當的過錯。

異食行為。患鈎蟲病或缺鋅時，孩子可有嗜吃泥土、火柴頭或紙張等現象。另外，還有高熱時驚恐煩噪、精神分裂症的自損和他損行為等。均屬疾病引起的怪異行為。此時若一味打罵孩子，那就冤屈孩子了，應及時帶孩子去看醫生。

不願起床的「懶」孩子

有位母親，她的孩子今年七歲，剛上一年級。他們夫妻每天7:40要去上班，6:30把孩子喊醒，可每次要喊五、六遍，孩子才慢騰騰地起床。最後手忙腳亂地幫他收拾好，匆匆上學去。本來很充裕的時間，結果弄得夫妻每天上班時都很狼狽。真讓人頭疼。

孩子不願起床，這是一個很為普遍的問題。不僅孩子，即使在大學生、成人中間，早上不願起床的也大有人在。不過，這些不願起床的成人大都因為小時候沒養成好習慣。那麼，怎麼對待這種「懶」小孩呢？

首先，父母要知道，真正能解決這個問題的人不是別人，而是孩子自己。

其次，要解決問題，必須先樹立起孩子的責任心。最後，在樹立孩子的責任心之前，父母應首先不要為孩子承擔過多的責任。如每次起床時，父母比孩子更為著急，這是由於他們在無意識中把孩子的問題看作了自己的責任。只有讓孩子為自己的行為感到著急、難過，這時才能真正解決問題。

具體怎麼做，才能解決問題呢？

第一，制定計劃。列一張表。上面依次列出早上孩子需要做的事情，比如：1、穿好衣服；2、疊好被子；3、洗臉、刷牙；4、準備好書包；5、其他今天上課要用的東西。然後，把這張表貼在孩子房間裡較顯眼的位置。

第二，解釋計劃。對孩子說，「從今天起，我們早上不會再向以前那樣一遍遍地喊你了。每天6:30我們喊醒你之後，給你40分鐘的時間，你要依次完成表上所列的事情。然後再開始吃早飯。7:10時，我們要過來檢查，如果你按時幹完了所有的事情，那一切OK，否則的話，你今天下午放學後不能出去玩，晚飯後也不准看電視。聽明白了吧。」

第三，執行計劃。早上6:30把孩子喊醒後，不再關注他，幹自己的事情。7:10時，過來看他的準備情況。如果他沒有準備好，或是賴在床上，不要生氣、著急。當下午放學他要出去玩，或晚上想看電視時，對他說，「你還記得咱們的計劃吧。」當他說，「媽媽，我明天一定改好。」不要理會，只是說，「這是我們家的制度，不能隨便破壞。」

在開始的一段時間，當你執行計劃時肯定會遇到許多困難，但只要堅持下去，「懶」孩子也會養成按時起床的好習慣。

Chapter 6

影響港孩
前途的說話

95 期望孩子前途時……

建議金句：「你自己條路點行，你自己決定，但希望你對未來有一個明確目標，如果你而家未諗到，唔緊要，如果你需要意見，都可以話俾我聽。」

人生目標

引導孩子找出具體的長遠目標，立定志向，孩子便可沿著正確的方向走去，所以，你必須做的，就是不時和孩子交換意見，明白他的想法，和他一起找尋實踐自己理想的可行方法。

禁句例子：「我唯一嘅要求，就係你要入到大學。」

1.「為了誰？」

好些大人為表示自己不會干涉孩子自由，就說出自己對孩子只有一個要求：大學畢業。這不過是曲線干涉罷了。孩子讀書是為了誰？是為了自己的未來，不是為了滿足大人的唯一要求。

2. 「為了什麼？」

大人不得不承認，好些孩子天賦不在讀書方面，孩子自忖沒法達到大人的唯一要求時，很可能就此自暴自棄；再者，孩子又為了什麼入讀大學呢？若找不到這問題的答案，孩子入了大學後，也會開始失去方向，胡胡混混過著大學生活，這對他是個非常大的損失。

鼓勵孩子金句
101
和孩子這樣說話便對了

96 在孩子面前
自怨自艾時……

建議金句：「我而家雖然遇到挫折，但係我從來都冇放棄過，只要唔放棄，肯定有出頭天。」

優點剖析

積極態度

如遇到挫折，大人還是可以給孩子永不放棄的積極態度。日後孩子遇到困難時，會受到你影響，絕不輕言放棄，堅持到底，或許你今日在物質上，不能滿足孩子的要求，但是，積極的人生觀，卻是你給孩子在逆境當中最有價值的資產。

禁句例子：「都係我呢個做老豆嘅冇本事……」

缺點透視

誘發自卑感

不少大人忙於工作，或是經濟出現問題，不能滿足孩子的要求時，於心有愧，「都怪我冇本事」便很容易變成大人表露內疚的口頭禪，誰知孩子聽見這口頭禪聽得多了，也會受到感染，覺得自己也沒有本事起來，更替孩子製造了自暴自棄的藉口：「連自己老豆都冇話自己冇用咯，我做仔嘅，都唔慌叻得去邊咯。」

97 阻止孩子嘗試
未曾做過的事時……

建議金句：「我應承你，我一定唔干預你，但你要專心聽完我意見之後，先決定點做。」

有把握成功

你反對孩子做某事，主要因為他以前從沒有做過，只是孩子會長大，他的能力成長到什麼地步，很難正確判斷，孩子或許沒有做過的經驗，但已經有成功的把握，這時候，你只要給予簡單、易明的指示和要點，放膽給孩子去做便行。

勿用激將法

激將法帶來的害處比好處多，最好的辦法是讓孩子自己去嘗試。失敗了，是寶貴的經驗；成功了，孩子渾身是勁，充滿自信。

禁句例子：「Mo仔，夠膽你就掂俾我睇！」

反叛

動畫《海底奇兵》有這一幕，小丑魚Mo仔游到快艇附近，想觸碰船底一下，Mo仔爸爸便用激將法企圖阻止他，結果是Mo仔大力的敲了船底兩三下。這雖是電影橋段，但是類似的情景在現實生活中出現的次數，卻是多不勝數。

沒有幹勁

孩子像這樣被阻止想做的事時，一是像Mo仔一樣，愈加反叛；一是聽話收手，但他會慢慢對身邊事物失去興趣和好奇心，做事也不會提起幹勁來。

98 孩子被欺負時……

建議金句：「假設我就係蝦你嗰個人，你再見到佢，會點樣同佢講？我地而家練習一下先。」

了解真相

孩子受到委屈時，必須了解事情的真相，如果孩子是自招惡果，例如上堂偷飲益X多，便協助他接受現實；如果孩子心存報復心理，便要引導他消除報仇念頭。

鼓勵反擊

孩子真的被人欺負，怎算呢？你要鼓勵孩子挺起胸膛面對「敵人」，可以和孩子練習如何爭取自己的權益。最壞的情況，如果涉及黑社會，便必須報警和通知校方，絕不可怕事退讓。

禁句例子：「邊個蝦你，話我知，等我幫你出頭！」

不盡不實

相信你也記得這廣告：孩子被老師罰抄，他舅父知道後帶同孩子回校，和老師對質，原來孩子在堂上偷飲益X多，舅父聽罷面懵懵。這廣告教訓我們，為孩子出頭前，必先了解真相，三思而後行。

不良後果

為孩子出頭，會帶來三種負面影響。第一，遇到問題，孩子會依賴大人；第二，孩子不懂如何為自己爭取權益；第三、孩子不懂如何處理複雜的人際關係。

Chapter 6
影響港孩前途的說話

99 孩子志願做歌星時……

建議金句：「如果呢個真係你嘅夢想，你會點樣去實現呀？可以講俾我聽？」

醜小鴨變天后

每個人都有夢想，孩子以自己偶像為奮鬥目標，也不是什麼壞事，醜小鴨天鵝變的童話，在現實也屢見不鮮。俗語說：「寧欺白鬚公，莫欺小年窮。」孩子將來的發展，不是大人所能預計的。你該引導孩子思考如何實現自己的夢想，這樣也可訓練他的計劃能力。

個人成就

好些人認為，從商或考取專業，才是孩子發展的正途，當然，社會成就自然重要，可是，個人的成就也會對社會有貢獻。大人用自己的價值觀來為孩子的未來加設框框，只會阻礙孩子發揮潛能。

禁句例子：「你唔好再扮歌星啦！你又唔靚又唱到走晒音喇！未發明星夢，讀書把啦！」

傷害自尊心

可能大人是真心直說，可是，這麼直接的批評，只會嚴重損害孩子的自尊心，自我形象變得低落，在人們面前，包括父母面前，就再不敢表現自己。

打擊孩子志氣

如果大人不贊成孩子將來以唱歌為事業，而以人身攻擊的說話來打擊他，可說是最不智的做法，因為孩子就算如大人所願，放棄當歌星的夢想，他心裡卻會為大人的一番侮辱性說話，而憎恨大人一世。

鼓勵孩子金句
101
和孩子這樣說話便對了

100 孩子沒有記性時……

建議金句：「你唔記得帶功課，我唔會幫你拎番學校㗎，俾老師罰既話，你就記住呢個教訓啦！」

優點剖析

狠心一點

根除孩子善忘惡習，只有培養他的責任感。停止提點孩子，當善忘的痛苦結果由自己承受，孩子做事自然會較有責任感，更謹慎。

長遠目光

你好可能覺得這樣做很不應該，眼巴巴看著自己孩子跌入陷阱，竟然視而不見，實在冷血，不過，迫使孩子吃回自己種下的苦果，使孩子變得獨立和自主，完全是為了他遙遠的未來著想。

禁句例子：「你咁冇記性，又唔記得帶功課！好在今次有我幫你拎番學校咋！」

缺點透視

萬能經理人

孩子沒有記性，做大人的格外辛苦，忙著替孩子檢查功課，提醒他帶齊課本沒有，又要趕著把留在家中的手冊帶返學校，結果是大人變得更幹練，孩子變得更依賴。

扯線木偶

不用為自己的善忘付出任何代價，孩子變得永遠依賴大人；大人為善忘的孩子堅守「事事關心，大人精神」的原則，無時無刻忙著提點孩子，究竟是孩子變了大人的扯線木偶，還是大人做了孩子的扯線木偶呢？

Chapter 6
影響港孩前途的說話

101

孩子做了「逃學威龍」時……

建議金句：「如果你真決定唔讀書，我唔會阻止你。我聽日幫你搞退學手續。」

兵行險著

孩子都知道大人重視教育，聰明的孩子會用這特點來和你作對，你愈迫得緊，他愈堅持，因此，可以冒險一試，協助他辦退學手續，同時鼓勵他出外找工作，接受社會的洗禮。

兩害取其輕

他可能會找到一些低層的工作，辛苦自不免，你要向他說明白：「你自己人生路上面嘅每個選擇，都要你自己負責，而且必須面對呢個選擇帶來既後果。」孩子捱不下去，便會要求返回學園。這對孩子而言，是一次寶貴的人生經歷，可能是曲折一些，但總比他和你僵持不下，憤而離家出走的好。

禁句例子：「做咩你有書都唔好好去讀？仲話要出嚟搵嘢做！我唔俾！」

處於被動

目前的經濟環境，連高學歷也不再是什麼就業保證的時候，聽見孩子要綴學找工作的大人，大動肝火，理所當然，但孩子獨斷獨行，怎鬧怎打也無補於事，所以，重點是如何讓你和孩子的關係惡化下去。

別誇自己的孩子聰明

據心理學家的一項研究結果顯示，家長們為了激勵自己的孩子在學校取得更好的學習成績，最好的辦法是不要誇獎他們聰明，而是讚揚和勉勵他們刻苦努力學習。

紐約哥倫比亞大學的心理學家選擇412名11歲兒童進行六次實驗發現，那些被稱讚為聰明的孩子往往變得過於注重考試成績，將好的分數看得比什麼都重要，一遇挫折就徹底灰心喪氣，不願選擇新的和富有挑戰性的學習任務。而那些被誇獎努力和刻苦的孩子，則更富有持久的上進心和學習興趣。

心理學家認為，智力及能力是可以通過刻苦學習而提高的，從而更願意承擔風險和富有挑戰性的學習任務。

別揭孩子的短處

亮亮三歲了，圓圓的大腦袋，晶亮的大眼睛，開朗活潑，說話嗓門響亮，走起路來雄赳赳氣昂昂，一副虎虎有生氣的樣子，誰見了都禁不住誇一聲：好小子。可就是這樣的寶寶也有極敏感、極害羞的一面。

一天，爸爸的兩位朋友來家做客。亮亮熱情好客，叔叔阿姨叫得親熱，又幫媽媽張羅飲料水果，客人把他摟在懷裡不住地誇獎。爸爸雖心中暗自得意，卻又要故做謙虛：「別看他這會兒表現挺好，其實可淘氣了，趁人不注意，就把鞋放在飯桌上，把拖把放床上——電視和空調的遙控器都被他弄壞了……」爸爸說得津津有味，亮亮的小臉兒卻漸漸「晴轉多雲」，誰也不搭理了，走到電視機前去摁開關，調了一個台，又換一個台，顯然是在賭氣。

爸爸大吼了一聲：「別亂動」，亮亮停止了動作，背朝著客人和媽媽走到爸爸跟前，只見他一聲不吭使勁地拽爸爸，拼命把頭朝爸爸身後鑽。媽媽忙走過去，抱起亮亮一看，卻見兒子滿臉漲紅，淚水漣漣。不禁心中大痛，忙讓兒子趴在肩頭抱去另一個房間。直到

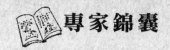

確認沒有客人在場時，亮亮才放聲大哭起來。

本來高高興興歡迎客人、表現也很不錯的寶寶，卻被爸爸的「謙虛」極大地傷害了。人無完人，更沒有不犯錯的寶寶。即便寶寶真有這樣或那樣的缺點，父母也不應在外人面前毫無來由地數落他。寶寶雖然小，但也有羞恥心。自己的缺點，家裡人知道沒什麼，但說給外人知道，寶寶就會感到羞恥，面子上過不去。

所以，父母在與外人談到自己的寶寶時，絕對不能揭短，因為父母無意中向外人講自己寶寶的缺點時，無異於向別人說他不是個好寶寶，這樣做對寶寶的教育以及身心的健康成長極其不利。

相反，父母應對寶寶的點滴進步隨時加以肯定。在別人誇讚自己的寶寶時，父母應不吝讚美之詞，首先肯定他人的讚譽，然後再表揚寶寶最新取得的進步，這樣，寶寶高興，今後也會做得更好。

孩子心理脆弱應由誰來疏導

社會的競爭越來越激烈，孩子周圍的環境壓力也不小。面對這種現象，有識之士呼籲：社會、學校、家庭共同關注孩子的「心理疏導」。

據了解，從前曾發生過兩宗典型的孩子跳樓事件：有位父親送孩子上課時晚到了課堂，怕孩子挨老師批評，便再三表明會向老師打電話說明情況。但父親工作一忙忘了打電話，孩子被不明情況的老師關在門外罰站片刻，以維持課堂秩序。

這件普通的事卻使孩子的自尊心受到強烈刺激，晚上父親送他去上藝術課時，他竟從樓上跳下自殺。也有傳統名校的一名男學生，在一天深夜從宿舍樓跳下死亡。據他的同學介紹，該同學性格較強，對許多事都有自己的「獨特想法」，但他平時沉默寡言，不善與同學、老師交流，就連他的父母，也感覺自己的孩子心理上有問題，準備帶孩子去看醫生。但沒等周圍的人回過神來，悲劇已經發生。

據有關專家分析，目前孩子心理脆弱問題的起因有多種多樣。不少獨生子女家庭的孩子從小走在別人為其

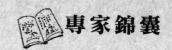

鋪就的陽光大道上，既無體膚上的磨難，也無心理上的坎坷。同時，社會上的相互攀比，學校裡應試教育的陰影，以及家長因自己生活經歷而產生的對孩子過高的期望等等，都對孩子成長形成「潛台詞」：必須做最好的。

家長的過分溺愛、過高要求，導致部分孩子心理較為脆弱，心理障礙現象明顯增加，容易產生相容性差、刻苦精神欠缺、挫折承受能力不強等問題。

目前，孩子的心理疏導問題已越來越為人們所重視，學校的「情感教育」課程也已排上了課程表。然而，一方面情感教育課程化這一教育理念的全面推廣因為教師素質、校長觀念轉變等各種因素的制約而需假以時日。另一方面，解決這一問題的責任也並非只在學校一方，社會上的「家長學校」，社區裡的「心理輔導站」、「談心室」，企業單位中的員工政治思想素質教育，都可以對此有所作為。

專家急救室 ER

Chapter 7

「雙向反思」：
先進的家教理念

當孩子出現了不良行為或犯了錯誤的時候，家長不是一味地指責或批評，更不是拳腳相加，也不是不聞不問或遷就掩飾，而是靜下心來，和孩子一起尋找問題的根源。在檢查自己責任的同時，幫助孩子認識自己的錯誤，這就是「雙向反思」。

在幫助孩子認識自己錯誤的過程中，家長的打罵和遷就都是不可取的，給孩子留有反思自己行為的機會，才不失為明智之舉。從心理學角度來看，反思可能淡化因突發事件引起的緊張氣氛，減弱兩代人的心理抗衡，有助於實現家庭教育的預期效果。

一般來講，孩子出現不良行為和犯錯誤，總能找出家長方面的原因。出現這些情況，可以說不是家長教育不夠或方法不對頭，就是孩子直接或間接地受到了父母的不良影響。所以，出現問題後，在孩子反思的同時，家長也應當進行一番「自我反思」：問題出現在哪里，自己應該承擔什麼責任，必要時進行自我批評，然後和孩子一起找出今後的改進辦法和努力的方向。

「雙向反思」是適應社會發展的家教新風尚。

吮吸手指

危害

這種不良習慣易引起腸寄生蟲病、腸炎等疾病，且可引起手指腫脹、發炎。若持續到六、七歲換牙時期，則可導致下頜發育不良、

開唇露齒等牙列排列不整，妨礙面容的和諧和不能充分發揮牙齒的咀嚼功能。

原因

吮吸手指這種不良習慣常因嬰兒期餵養不當，不能滿足其吮吸欲望，以及缺乏環境刺激和愛撫，導致嬰兒以吮吸手指來抑制饑餓或自我娛樂。

矯治方法

可用玩具、圖片等幼兒喜愛之物，或感興趣的活動去吸引其注意力，沖淡吮吸手指的欲望，逐漸改掉固有的不良習慣。用在手指上塗苦味藥或裹上手指等強制方法，較難除根這種壞習慣。

咬指甲癖

防治此癖，應以消除引起孩子心理緊張的因素入手。用苦藥或辣物塗擦指甲一般均不能收到良好效果。良好的生活習慣，戶外活動，遊戲，使孩子情緒飽滿、愉快，可逐漸克服惰性興奮。另外需養成按時修剪指甲的衛生習慣。

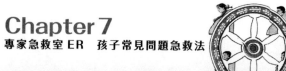

習慣性陰部摩擦

表現

孩子或將兩腿交叉上下移擦，或騎坐在某些物體上活動身體，摩擦陰部，引起面紅、眼神凝視、表情緊張不自然的現象，有時伴有出汗、氣喘，但不伴有「白日作夢」的幻想，稱為「習慣性陰部摩擦」

矯治方法

查明誘因：這種行為有時是因為局部的疾病引起瘙癢。如：女孩外陰部的皮膚和粘膜細嫩，洗澡時水稍燙造成輕微的損傷，傷癒後留下瘙癢；或因外陰濕疹引起癢感。男孩可因包皮口狹小或包皮與陰莖頭粘連引起包莖、包皮炎，使陰莖頭瘙癢不適。患蟯蟲夜間移至肛門外產卵，使肛門周圍奇癢，也會誘使小兒摩擦外陰部止癢。

轉移興奮：當小兒發作時，可設法轉移其注意力，或輕聲呼喚其名，或改變其體位，也可播放樂曲，給玩具等轉移其注意力。

設置障礙：不要讓他們過早臥床或醒後个起床。衣著勿過暖，內褲不要太緊。

講究衛生：經常清洗會陰，保持會陰部的清潔、乾燥。

調整身心：多鼓勵他們參加集體活動和體育鍛煉。

鼓勵孩子金句
101
和孩子這樣說話便對了

局部抽搐症

表現

它是一種不自主的、反複的、快速的一群肌肉抽動。常見於面部肌肉抽搐，如眨眼、擠眉、齜牙。做出某種怪相。其次是頸部及四肢肌肉抽搐，如點頭、搖頭、伸脖、搖動手臂、抖動腿等。

常見原因

軀體因素：局部激惹不適，如患眼結膜炎引起泛眼動作，以後固定成習，成為眨眼性抽搐症。

精神因素：患兒大多具有敏感、羞怯、孤僻、易興奮等特點。精神上的創傷，如受驚、遭到打罵、突然改變環境而不能適應等常為主要誘因。

矯治方法：應避免對患兒的症狀表現出過分注意，甚至焦慮不安，更不應責罵或懲罰，這樣會使患兒精神緊張，症狀加重。應引導他們多參加遊戲和體育活動，以克服病理惰性，轉移其對抽動的注意。消除可能誘發本症的各種有害因素，必要時可按醫囑服鎮靜藥以增強大腦抑制過程，可配合針灸治療。

口吃

口吃誘因

精神創傷：受驚嚇、受到嚴厲懲罰、進入陌生環境感到恐懼、家庭破裂而推動愛撫等。

模仿：小兒覺得口吃者滑稽可笑，加以模仿。

疾病：患百日咳、流感、麻疹、猩紅熱等傳染病，或腦部受到創傷後，大腦皮質的功能減弱，容易發生口吃。

矯治方法

口吃的矯治和預防應從解除小兒的心理緊張入手。避免因說話不流暢遭到周圍人的嘲笑、模仿以及家長、教師的指責或過份矯正。家長不要當面議論其病態，或強迫孩子把話說流暢，不許結巴。應安慰患兒，使他們有信心克服。家長要用平靜、從容、緩慢、輕柔的語調和孩子說話。來感染他們，使他們說話時不著急，呼吸平穩，全身放鬆，特別是不去注意自己是否又結巴了。可以多練習朗誦唱歌。

鼓勵孩子金句
101
和孩子這樣說話便對了

遺尿症

表現

孩子在五歲以後，仍有經常性的不自主排尿，多數發生在夜間，又稱夜尿症。

矯療方法

排尿訓練：掌握小兒夜間遺尿的時間，提前喚醒起床排尿，也可利用鬧鐘、蜂鳴器或褥墊內喚醒器，重複多次後，使患兒能形成條件反射，在排尿前醒來。

避免過累：建立合理的生活制度，避免過度疲勞和臨前過度興奮，白天有一小時午睡，以免夜間睡眠過深。

控制飲水：晚飲宜清淡，少吃稀的，控制飲水，可減少孩子入睡後的尿量。

針灸、藥物治療：針灸有一定療效，穴位有關元、氣海、足三裏、合穀、三陰交，陽陵泉等。服藥需在醫生指導下進行。

消除可致小兒精神不安的因素，包括因遺尿帶來的心理壓力，幫助患兒樹立戰勝疾病的信心，不要自卑，也不要不在乎。

語言發育遲緩

原因

1、嚴重營養不良或患慢性消耗性疾病，影響語言中樞的正常發育。

2、離群獨居，生活在基本與世隔絕的環境中，或長期受父母忽視，無人與之對話，缺乏受教育和訓練的機會。

3、父母過分溺愛，對孩子體貼入微，孩子不必開口，即可滿足其各種欲望。

矯治方法

首先應改善其心理社會環境，增加與其他孩子交往的機會。這類孩子常喜歡用手勢、表情來表達意思，周圍人應故意表示不懂，以促進其語言表達能力。家長教孩子說話時，發音要清晰，讓孩子模仿，也可以通過遊戲、朗誦、唱歌等加強語言訓練。

夜驚

表現

入睡不久，在沒有任何外界環境變化的情況下，突然哭喊出聲，兩眼直視，並從床上坐起，表情恐懼。若叫喚他，不易喚醒。對他人的安撫不予理睬。發作常持續數分鐘，醒後完全遺忘。

原因

孩子夜驚，多由心理因素所致，如父母離異、親人傷亡、受到嚴厲的懲罰，使孩子受驚和緊張不安。睡前精神緊張以及臥室空氣污濁、室溫過高、蓋被子過厚、手壓迫前胸、晚餐過飽等均可引起發作。鼻咽部疾病致睡眠時呼吸不暢、腸寄生蟲等也可導致夜驚。

矯治方法

一般不需藥物治療，主要從解除夜驚的心理誘因和改變不良環境因素入手。及早治療身體疾病。經常發生夜驚，在白天精神、行為也有異常，應去醫院診治。

夢遊症

表現

孩子於熟睡中突然起床，可逐件穿好衣服，在室內外進行某些活動，甚至出門外出遊蕩，表情茫然，步態不穩，動作刻板，有時口中念念有詞，但是意識並不清醒。發作可持續一小時以上，然後上床繼續入睡，醒後完全遺忘。

病因

1、家族性遺傳

2、因患傳染病或腦外傷後，引起大腦皮質內抑制功能減退。

3、白天遊戲過於興奮，以致睡眠中出現類比白天遊戲的動作。

4、遺尿症患兒常合併夢遊症。

矯治方法

一般隨著年齡增長，內抑制能力增強，此症可自行消失，不須特殊治療。避免在患夢遊症的孩子面前渲染其表現或取笑。消除使其產生恐懼、焦慮的精神因素。對於較常發作的孩子，居室內要有安全措施，以免發生意外。頻繁發作者可在醫生指導下服用眠爾通、安定等，以減少發作。

夢魘

表現

孩子在做惡習夢時伴有呼吸急促、心跳加劇，自覺全身不能動彈，以致夢中大聲哭喊驚醒，醒後仍有短暫的情緒失常，表現出緊張、害怕、出冷汗、面色蒼白等。對夢境尚有片斷的記憶。

矯治方法

只要不是經常發作，可不做特殊治療，主要應保持生活規律，避免白天過度興奮和勞累，消除孩子內心矛盾衝突，緩解情緒緊張。對

有情緒障礙的孩子，宜加強精神撫慰，減輕心理壓力，培養開朗的性格，充實精神生活。

脾氣發作

表現

小兒在遇到不合意的事情時，突然出現急劇的情緒爆發，發怒、驚懼、哭鬧後旋即發生呼吸暫信停，輕者呼吸暫停1/2至1分鐘左右，面色發白，口唇表紫；重者歷時2至3分鐘，口唇表紫，全身僵直，意識喪失，出現抽搐，其後肌肉鬆馳，恢復原狀。脾氣發作常因某種心理誘因而觸發。

預防方法

預防孩子脾氣發作的發生，應重視家庭成員之間的關係，生活環境的調理。盡可能解除或減輕可引起小兒心理過份緊張和矛盾衝突的種種因素。家長對待此症應鎮靜，平時避免溺愛和過份遷就。必要時，可在醫生指導下，選用苯巴比妥等藥物以減少發作，防止因腦部缺氧而產生的損害。

鼓勵孩子金句101　和孩子這樣說話便對了

作　　者：張艾玲
責任編輯：尼頓
版面設計：何興榮
出　　版：生活書房
電　　郵：livepublishing@ymail.com
發　　行：香港聯合書刊物流有限公司
　　　　　地址　香港新界大埔汀麗路36號中華商務印刷大廈3字樓
　　　　　電話（852）21502100
　　　　　傳真（852）24073062
初版日期：2017年12月
定　　價：HK$88/NT$280
國際書號：978-988-13848-9-8
台灣總經銷：貿騰發賣股份有限公司
　　　　　電話：(02) 8227 5988